はねるの裏グチ

「はねとび」ウォッチャーズ［編］

どうも『はねとび』ウォッチャーズです。

そんなワケで我々がお贈りする『はねトビメンバーの面白こぼれ話』も、第2弾を発行する運びとなりました。これもひとえにご愛読者の皆様のおかげと、心より感謝しております。(本当です!)

その感謝にお応えするためにも! 今回もよりすぐりのバケの皮……じゃなかった、素顔をお届けしちゃいます。

うらぐち

キングコング　ロバート

キングコング

☆西野クンがホンモノの『アキヒロ』になっちゃった日

☆梶原クンが恋してる？　キャバクラ嬢・Hチャンとのヒミツ

ロバート

☆秋山クンが『つまみ食い』したお相手・ユイちゃんとは？

☆馬場クンが渋谷・センター街でギャル男に吊されちゃう？

☆山本クンが遂にブラウン管から姿を消す？

ドランクドラゴン

☆塚地クンの大盤振る舞いが招いたオソロシイ『お会計』

☆鈴木クンが実家のために持ち帰った『毛ガニ騒動』

こんにちは！

北陽

☆虹チャンが『打倒！ 小池栄子』と敵視するその理由

☆伊藤チャンがあのK－1王者をノックアウト！

インパルス

☆堤下クンが憧れのヒガシさんに描いていた理想、崩れる！

☆板倉クンが深夜のファミレスで『ホンモノの澪美』に遭遇？

全部で15のエピソードが『はねトび』メンバーを丸裸にしちゃいます。
最後までどうか『はねとび』ウォッチャーズと一緒に盛り上がって
楽しんでくださいね！

『はねとび』ウォッチャーズ

うらぐち

キングコング　ロバート

こんにちは! …… 2

ドランクドラゴン

ぼ、ぼ、ぼ、ボラんといてエ〜〜〜! …… 10
〜塚地クン『パ〜ッ』と歌舞伎町で遊ぶ——の巻〜
・『食って飲んでスッキリ!』
これが芸人の生きる道やで!!
・塚地クンの財布の中身は……

鈴木クンの『毛ガニ』騒動 …… 26
・鈴木クンの〝セコ〜イ〟お小遣い稼ぎ
・このカニは俺だけのモンだぞ!!

ドラゴン&ボールアワー …… 41
・塚地『鼻の穴』VS岩尾『はなれ目』対決!!
・ドラドラ最大の危機!
『塚地&岩尾』新コンビ結成か!?

キングコング

あっ!アキヒロじゃ〜ん! …… 56
・西野クンが店員さんをナンパ?
・『アキヒロ』ってTVのまんまじゃ〜ん!

えっ!?梶原クンが『キャバクラ病』に? …… 70
・『ユーちゃん』とラブラブ♥ツーショット
・梶原クンの恋の行方は……?

走れメロス
〜メロス西野(?)『赤坂5丁目マラソン優勝』その後…… …… 84
・よっしゃアキヒロ走って来い!
俺たちは『走れメロス』の関係や!
・俺にも『分け前』をくれ〜〜!

ロバート

馬場クン、センター街で危機一髪！……102
・馬場クン、『とってもヤバイ人たち』に遭遇
・人生最悪の日……馬場クン『吊される』!?

秋山クンのニセ者、歌舞伎町に現る！……118
・暴露された！ 秋山クンの『トンデモナイ秘密』
・それって『俺のせい』なの……？

山本クンの〝死んでも治らない〟遅刻グセ……135
・ロバート山本、『はねトび』降板の危機!!
・……そしてまた、大遅刻!?

北陽

虻チャンはお肌の曲がり角!?……152
・『塚地の視線』が気になる!!
・塚地クンの『告げ口』に虻川マジギレ!!

打倒・小池栄子！って感じ？……166
・『小池栄子って、私とキャラかぶりまくりなのよね～』（by虻川）
・虻チャンが小池栄子に与えた試練!?

えっ!? 伊藤チャンがついに『格闘技デビュー』？……180
・伊藤チャン『ヒミツ』のダイエット
・伊藤チャンが『魔裟斗』を失神させた!?

インパルス

『ホンモノの澪美』もストーカーだった!? ……198
・澪美、現る!!
・板倉サン、私、訴えますよ!!

堤下クン、涙の『俺様飲み』 ……215
・堤下クン大ショック!?
いつものヒガシさんじゃない……
・東山サンのツッコミに、堤下クン堕ちる……

スケ番・友香にインパルスが撃沈！ ……231
・インパルス、元レディースに拉致られる？
・ベッキーを泣かせたのは堤下か？ 板倉か？
・果たしてインパルスの運命は……？

また会いましょ！ ……246

DRUNKDRAGON

ドランクドラゴン

どらどら

ぼ、ぼ、ぼ、ボラんといてエ～～～！

～塚地クン『パ～ッ』と歌舞伎町で遊ぶ――の巻～

「たまには『パ～ッ』といこうや」

「本当にいいんですか？」

この日、予定していた仕事が早めに終わり、所属事務所に顔を出した塚地クン。

「おつかれさまです！」

「おう、おつかれさん」

まだテレビには出ていない芸人の卵たちが3人ズラッと勢揃いして憧れの芸人『**ドランクドラゴンの塚地武雅**』を迎える。

「昨日（テレビ）**見ました！**
新作コント最高でしたね」
「そ、そうか？」
「アレも面白かったですよ！
（事務所の）**先輩たちが**
全員出てたヤツ」
「うん、
やっぱドラドラさんは
存在感がありますよねぇ〜」
『卵』たちの口から、続々と飛び出す
『塚地絶賛』。

ドランクドラゴンの 塚地武雅

ぼ、ぼ、ぼ、ボラんといてェ〜〜〜！

「おいおい、そんな誉めても何も出ぇへんぞ」

照れくさそうに言いながらも、本音はもちろん大喜びの塚地クン。

「そんなつもりありませんよ！」

「面白いものは面白いんですから!!」

目をキラキラさせ、少しでも塚地クンに『自分を覚えてもらいたい』と前に出て来る（笑）。

「ま、それはホンマにありがたいんやけど……」

この時、塚地クンはあまりの『心地良さ』に大きなミスをしてしまう。

「……せや、自分ら腹減ってへんのか？」

「減ってます！」

「俺も1人で食うて帰るの寂しいし、
よかったらメシでも行かへんか？」

「ハイ!!」

芸人の世界では、1日でも早くこの世界に入った芸人が後輩の面倒を見る習性がある。よって塚地クンも自分で誘った以上、卵たち3人のゴハン代をオゴってあげなきゃいけないのだ。

しかも気が大きくなっちゃってるから――

「自分ら『回らへん寿司』なんて食うたコトないやろ？
連れてったるわ」
「ありがとうございます！」

地獄のドアを、自ら開けてしまったのだ（笑）。

ぼ、ぼ、ぼ、ボラんといてェ～～～！

『食って飲んでスッキリ!』これが芸人の生きる道やで!!

寿司食って『パ〜ッ』と歌舞伎町で遊ぼうや!

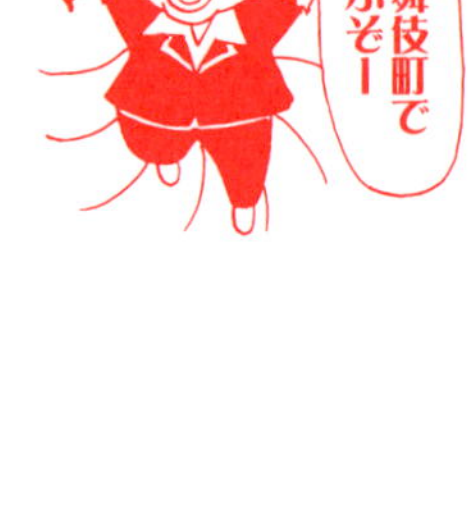

事務所近くからタクシーに乗り、新宿までやって来た塚地クン。

実は塚地クン、歌舞伎町で大騒ぎするのが夢（？）だったんだけど、最近顔が知られ、なかなか繁華街で大っぴらに遊ぶコトは難しい。

「**よう〝からまれる〟って言うもんな、芸人は**」

と、すっかり腰が引けていたのだ。

しかし今回は、自分のためなら身を挺して守ってくれる後輩がいる。

ある意味〝チャンス〟とも言えていた（笑）。

「**好きなもん食うたらええで**」

お寿司屋さんのカウンターで卵たちにそう言っても――

「**イカ**」

「**タコ**」
「**玉子**」

――とか安そうなネタしか注文しない。
「**おいおい。連発して安いのばっかり頼むのは、**
逆に俺に恥かかしとんのやで」
「**えっ!?**」

ぼ、ぼ、ぼ、ボラんといてェ〜〜〜!

「自分も後輩やった時に、先輩に散々食わしてもろうた。これが芸人の常識なんやから、遠慮すればするほど『俺ってそんなに稼いでないと思われてんのか』ってショック受けるねん」

いくら後輩たちの前だからって、張り切るコトはないんだけどさ。

お前らが食いたいもんを
ここで食わな、
いつ食うたらええねん
っちゅうコトや！

——そのひと言に、食べ盛り（?）の卵たちが大喜びしないハズがない。

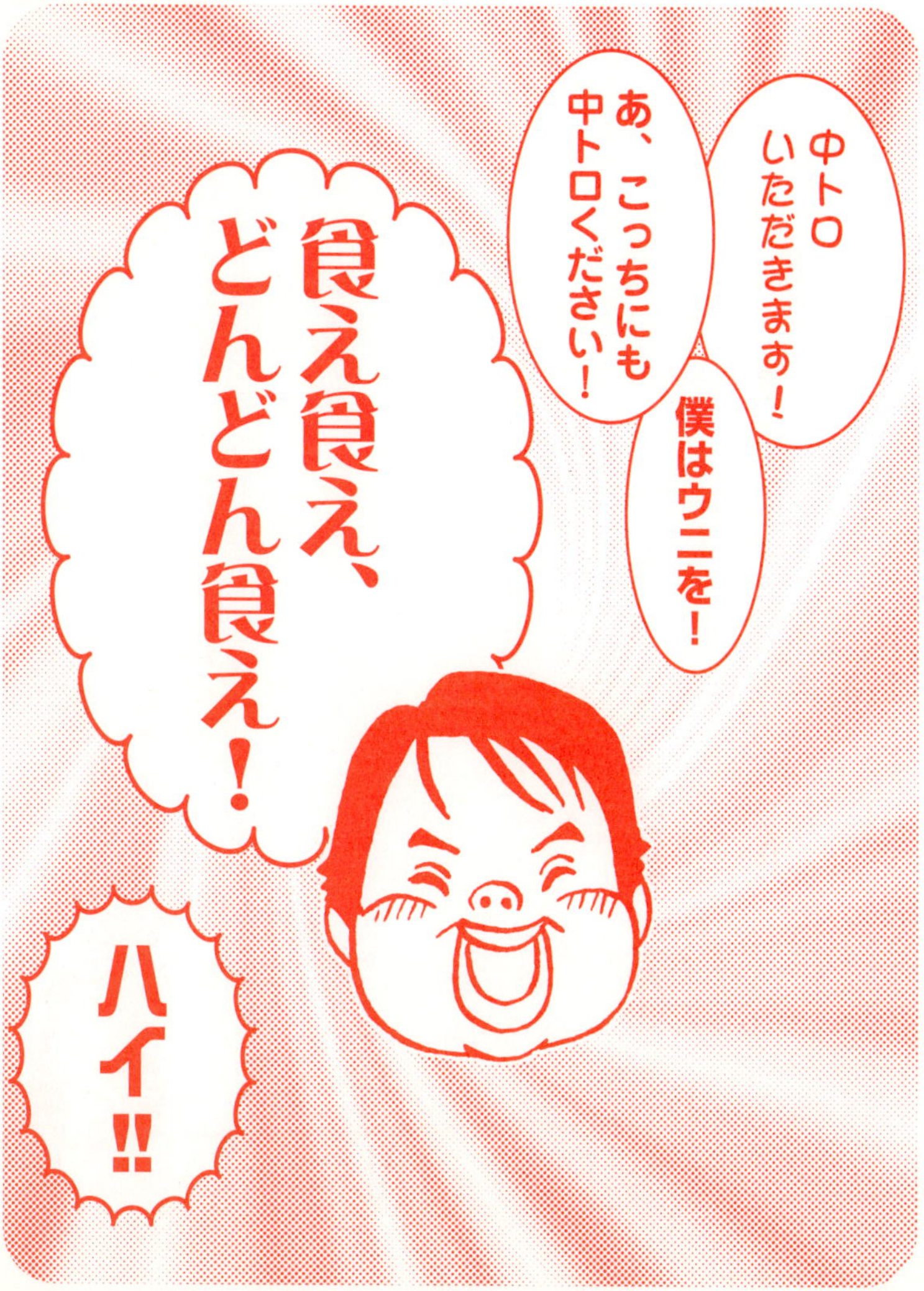
中トロいただきます！
僕はウニを！
あ、こっちにも中トロください！
食え食え、どんどん食え！
ハイ!!

ぼ、ぼ、ぼ、ボラんといてェ〜〜〜！

寿司食って腹いっぱいになったら、その勢いでキャバクラ行くぞ！

「えっ⁉　新宿のキャバクラなんて、（料金が）高くて入ったコトないですよ」

「盛り上がったらおネエちゃんをアフター（店外デートみたいなものかな？）に誘ったらええねん」

「そ、そんなコト出来るんですか!?」

「若いんやから、キャバクラ嬢の1人や2人、持って帰らんかい!」

「そんな自信、ないですよ……」

「アカンかったら風俗でスッキリして帰ったらエエねん。最近は24時間やっとる店も多いらしいしな」

「何かメチャクチャ盛り上がって来ましたね!」

「俺も……やっぱり塚地さんサイコーです!」

「師匠!」

歌舞伎町って
いいっスね♥
ぼ、ぼ、ぼ、ボラんといてェ〜〜!

食って飲んでスッキリ！これが芸人の生きる道やで!!

やれやれ、後輩の前だからって、
いつもの自分と違うキャラクターを出しても――
だいたいは失敗するんですけどねぇ。（↑不安）

塚地クンの財布の中身は……

す、すいません。もう一度言ってもらえますか？

「5万4千5百円です」
「ご、5万……5万!?」
「はい」

ぼ、ぼ、ぼ、ボラんといてェ〜〜〜!

すっかりイイ気分でノリノリの3人を先に店の外に出し、
お会計を済まそうとしている塚地クン。
「5万かぁ……マジに？」
ごく普通に寿司屋で4人で食べたらむしろ安いくらいの料金なんだけど、
実は塚地クン自身もあまり『カウンターのお寿司屋さん』の経験がなく、
「た、足りるんやろか？　ボッタクリちゃうん！」
財布の中を覗きながら冷や汗を流している。
それでも何とか支払いを済ませたんだけど、
残る軍資金は2万円とちょっと。
「困ったなぁ、だいたい寿司屋が2万円くらいで、
キャバクラ3万円、
風俗3万円でちょうど足りると思ってたのに」
そりゃいくら何でも、歌舞伎町の相場をナメてます（笑）。

「ごちそうさまでした！」

店の外では『**さぁ、次はキャバクラだ！**』と
目をランランと輝かせる卵たちの顔が。

「**う、うん**」

手持ちが少なくなったからって、引くに引けない塚地クン。

「**どこにあるんすか？ 次のキャバクラは**」
「**めちゃくちゃ可愛い子がいたらどうしよう、**
緊張して喋れんのかな」
「**バカ！ そういう所で笑いを取るコトが**
次につながるからこそ、行く意味があるんだよ。
ねぇ塚地さん！」
「……」

ぼ、ぼ、ぼ、ボラんといてェ〜〜〜！

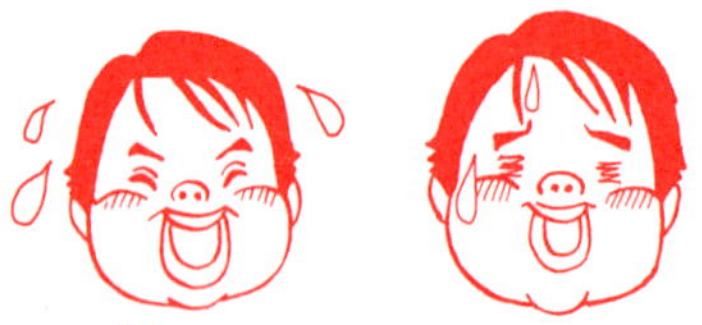

「塚地さん？」

「ん？　あ、あぁ、そうそう。良いコト言うなぁ……」

内心それどころじゃないのを分かってあげてよ（笑）。

「よ、よし、ほんなら行くか」

「ハイ!!」

「別に無理せんでもエエで、終電の時間もあるやろうし、強制はせえへんから……」

「**行きます!!**」

――この後、キャバクラに入ったもののコッソリと抜け出し、ATMで貯金を下ろさざるを得なかった塚地クン。

「アイツらホンマは、オゴってもらいたくて俺を持ち上げたんか？」

自分が悪いのに他人を信じられなくなっちゃダメですぞ（笑）。

どらどら

鈴木クンの『毛ガニ』騒動

「ねぇ、これ誰に送られて来たの？」

「全員じゃない？ メンバー宛だから」

『はねるのトびら』の収録日。

スタジオに置かれた大きな贈り物に、みんなの目が集中していた。

「でもナマモノでしょう？ 食べられないよ」

「うん、せっかくだけど当たったら困るから私はいらない」

「そやなぁ、普通は食わへんよな、知らん人から送られて来たんやし」

その正体は何と『**毛ガニ**』。
言わずと知れた高級海産物の代表だ。

「**もったいないけど……**」
「**だねぇ……**」

普通、タレントはファンからの贈り物が『ナマもの』だった場合、ほとんど口にするコトはない。
北陽の伊藤チャンが言ったように、もし食中毒でも起こしたら大変だからだ。
しかしこの時は、11人の中で〝1人だけ〟が、必要以上に『**鋭い視線**』でカニを見つめていた。

鈴木クンの"セコ〜イ"お小遣い稼ぎ

「大丈夫じゃん？ だって茹でてあるんでしょ」

「お前、いくら茹でとるからって、
そんな"もの欲しそうな目"するなや！」

そう、ドランクドラゴンの鈴木クンだった（笑）。

「俺持って帰るよ。大変なんだから子持ちは」

「やめといた方がええで」

「いや、大丈夫だから」

「知らんよ。死んでも」

「死ぬワケねえココラの！」

「ちょっと意地汚くない？」

「誰が汚ねえんだよ！
食べられるモンを捨てようとするお前らの方が、
よっぽど人間として汚ねえぞ!!」

必死で抵抗する鈴木クン。
ま、ようするに——
「そこまで言うんやったらええよ。
お前が〝ひとり占め〟したらええねん」
——ってコトなのかしらん（笑）。

捨てたら
もったいないわよねー
うんうん
それより
ハンコないの？
ハンコ

「本当、アイツらバカだよな。
これだけでいくらすると思ってんだ」

ニヤニヤしながらフタを開け、
7～8杯はいるであろう毛ガニを見つめる鈴木クン。

「ざっと5～6万はするぞ。
こういう時、食材を見る目がモノを言うんだってば」

実家が居酒屋だけに（？）絶対の自信を持つ鈴木クン。

「1～2杯はウチで食べて、
残りは（実家に）持ってくかな……」

頭の中の電卓が動き出す。

「……『特別限定メニュー』とか言って、
半杯を2千円ぐらいで出すか？
いや、それとも足とカニミソは別々のメニューにして」

勝手にメニューに加えちゃってるよ（笑）。

「うん！ どう考えても2万円は儲かるな。
待てよ！ ウチで食わなかったら
ニーゴー（2万5千円）はイケるんじゃないの」
『これは儲けかも！』とばかりに、
箱を抱えて家路を急ぐ鈴木クン。
果たしてそんなに上手くいくのだろうか!?

このカニは俺だけのモンだぞ!!

「なぁ、この前のカニ、どうしたん?」

数日後、『はねるのトびら』のリハーサル中に、
ふと思い出したように西野クンが言った。

「カニ? もう返さないよ!」

「そういう意味とちゃうやろ!」

「ウチに置いてある」

「食べたん?」

「いや、まだ」

「まだって結構、日（にちが）たってるやん。

もう腐ってアカンのちゃうか!?」

「平気だよ。茹で上げなんだから」

冷蔵庫にでも入れているのか、余裕の鈴木クン。

「（コイツら、
俺が『ウマかった』って言ったらウチに食べに来るな）」

――心の中は疑心暗鬼で、周囲のメンバーの様子をうかがっている。

「ん?」

そんな視線に秋山クンが気づくと、秋山クンが何か言う前に――

「はぁ〜ッ？」
勝手に暴走しまくっちゃってる（笑）。
「ちょ、ちょっと塚地さん、
相方なんとかしてよ」
「もう持っていったんだから、
俺だけのモンだぞ」
「誰も食べたいなんて
言ってへんやろ！」
やれやれ、毛ガニひとつで
ムードが最悪です。

カニは渡さねえぞ！
相方、どうにかして下さいよ
こりゃアカン

鈴木クンの『毛ガニ』騒動

「（でも待てよ。西野が言うコトにも一理あるよな。
下手に凍らせたら解凍するのが大変だし、
冷蔵庫に入れてあるけど、
そろそろ『実家に』持ってかないとマジに
『メニューとして』出せないかも）」

リハーサル中も気もそぞろで、
心の中ではカニの心配ばかりの鈴木クン。

「おつかれさまでした〜〜ッ！」

誰よりも早くスタジオを出て、一直線に自宅へと向かった。
『ただいま』もソコソコに、大あわてで冷蔵庫のドアを開ける。
しかしその瞬間——

——モワ〜ンと冷蔵庫の中から立ちのぼるイヤ〜な臭気に、
胸の鼓動は早まるばかりだった。

**「ち、違う。これは『カニ』じゃない。
きっと他の魚が臭ってんだ」**

自分に言い聞かせるように言うけど……他の魚なんて入ってませんけど。

鈴木クンの『毛ガニ』騒動

「じゃあ野菜？
タマネギが腐ると
とんでもない臭いがするし」

冷や汗をツツーッと感じながら、
あくまでも無駄な抵抗系の考えを
はりめぐらす。

「頼む！　神様！！
毛ガニちゃんは無事でいてくれ」

祈るように箱を出し、
おそるおそるフタを開けると——

この臭いは
カニじゃない！
これは玉ねぎ…
これは魚…
ムアーン

——鼻は曲がり、煙が吹き出すほどの臭気が、家の中に充満する。

鈴木クンの『毛ガニ』騒動

「だ、ダメだ！　儲け損なったじゃん!!」

ま、カニだけに『足が早い』ってコトで、
そこはあきらめていただきましょうか――。
（チャンチャン）

どらどら

ドラゴン&ボールアワー

10月5日からスタートしたTBS系の深夜番組
『ドラゴン&ボールアワー』。
ドランクドラゴンとそして去年の**『M-1グランプリ』**でも優勝した
関西の昇り竜**〝フットボールアワー〟**の共演レギュラー番組は、
**「さすが！
今の東西を代表する若手ナンバーワン同士の対決だ!!」**
と、第1回目の放送から評判が高い。

「僕らもフットボールアワーとの仕事は
刺激がありますからね。
向こうは関西でごっつ人気出て東京に進出して来たし
『M–1』とってるけど、
『はねトび』で頑張って来た経験と力があれば怖くない」

「ドラクドラゴンの世界観は、
実は僕らとよう似てるんです。
ひょっとして僕と塚地さんが組んで、
岩尾と鈴木さんが組んでも
似たような漫才が出来るんちゃうかな」（by後藤クン）

お互い、意地と意地、プライドとプライドがぶつかり合った、
ものスゴい番組に成長していく予感がするよね！

塚地『鼻の穴』VS岩尾『はなれ目』対決!!

「……」
「……」
「こらごっつい勝負やで!」
「塚地! 負けるな!!」

鈴木クンと後藤クンが手に汗握りながら見つめる視線のその先には、わずか10センチぐらいの距離にまで顔を近付けてニラみ合う、塚地クンと岩尾クンの姿が!

──まさに“火が出るよなニラみ合い”……って言うかちょっと！
せっかく共演する番組が始まったばっかりだってのに、
もう大ゲンカなの？──

「く……くっ……くくく！」

「んぷ……ぷっ……ぷぷぷ！」

「勝コた！」

「いや、ウチらの勝ちだよ！」

く〜〜ひっひっひっひっ

ぷ〜はっはっはっはっ

——一斉に大爆笑の塚地クンと岩尾クン。

ドラゴン&ボールアワー

—飛び道具「鼻の穴」—

「アカンて。
塚地さんの『鼻の穴』は飛び道具すぎるから」
「何言うてんの。
岩尾クンの『はなれ目』はほぼ最終兵器やん」

なんと2人とも、『ニラめっこ対決』をしていたのです。
（→もったいぶってゴメンなさい）

—『はなれ目』最終兵器—

収録の合間、空き時間がごそっとできた2組は、
手持ち無沙汰でニラめっこを始め、

『塚地VS後藤』戦

『鈴木VS岩尾』戦

——でそれぞれが相手を『瞬殺』し、
雌雄を決する舞台へと駆け上がって来たのだ。

塚地　VS　後藤

鈴木　VS　岩尾

—メガネなし鈴木—

「くそ〜こう見えても俺、めちゃめちゃ強いのになぁ」

後藤クンから——

「鈴木さんはメガネを外したらダメですよ。
そんだけで笑ってしまうから」

と釘を刺された鈴木クンが悔しがる中、
塚地クンと岩尾クンの対決が始まったのだ。

そして、なんと5分間にも渡る大接戦の末――
「いやまぁ、今回は引き分けにしときましょか」
「せやな、これ以上やっても同じやろ」
ガッチリと両雄が握手する情景に終わった、というトコだ。
ところが――
「それにしてもホンマに、岩尾クンは〝けったいな顔〟して……
うらやましいわ」
「とんでもありませんよ。
僕に〝塚地さんの鼻〟があれば世界一になれますって」
なにやら終了してからも、
お互いにチクチクとライバル心が
燃え上がってるみたいだよ（笑）。

ドラドラ最大の危機！『塚地&岩尾』新コンビ結成か!?

「大体、岩尾クンは
『整形』してそんな顔になってんのに
ズルいやん！」
「僕のは天然の純国産ですよ。
塚地さんこそ趣味の『鼻フック』
まだやめてへんらしいですねぇ」

岩尾クンは『整形』!?
塚地クンはSMプレイの『鼻フック』が大好き!?
とんでもない暴露合戦に
なってるじゃないの！

ドラゴン&ボールアワー

「ま、まぁ、もう終わったからええやん」
「そうだよ、大人気ないぞ」

ぬぁにィ～？『大人気ない』やとォ
終わった終わったって、誰が（ニラめっこを）やり始めよ言うたんや！

――塚地クンと岩尾クンの間の空気をなごやかにしようとした
鈴木クンと後藤クンに、今度は2人が逆ギレ気味。――

「だいたいお前は何やねん！
いっつもボーッとしやがって
何も考えんと横におるだけやろが」

—ボーッと？—

「今関係ねぇだろ！」

「そもそもお前がポコポコ殴るから、
どんどん顔が悪うなってんやんけ!!」

「それがツッコミやろ！」

関係あるもないもあるかい！
どっちだよ!!

ギャーギャーとヒステリックで
しかもワケ分からない4人の言い争いに、
『この番組、
本当は裏ではヤバいんじゃないの？』
って思っちゃう（笑）。
しかし――

ギャース
ギャース
オマエがツッコミ入れんかい！
なんや？
ボケてみい！
アホか！

もうええ！俺は岩尾と組む!!
そうやそうや、塚地さんと組んだ方が売れる!!

と2人がキレた瞬間——

えっ!? そ、それは……

ピタッと口をつぐむ鈴木クンと後藤クン。

ドラゴン&ボールアワー

岩尾でーすっ
塚地でーすっ

ゴトウデス
スズキデス

地味コンビ ドラアワ～ パ～ト2

NEWコンビ

ドラアワー

「な、コレを出したら２人は黙んねん」
「さすが塚地さんの言うコトですねぇ」

――早くも“あうんの呼吸”で連鎖し合ってる塚地クンと岩尾クン、
これならきっと、面白くなるコト間違いなし！
の注目番組だよね!!――

キングコング

KINGKONG

きんこん

あっ！アキヒロじゃ〜ん！

「今日はオフやしな、
新しい服でも買いに行くか！」

『はねトび』メンバーの中で、今もっとも忙しいキングコングの西野クン。
久しぶりにもらった丸1日のオフに

「……ん、何時や……もう3時かい！」

午後3時まで爆睡したのはいいんだけど、

「アカン、こんなコトやってたら、
何のためのオフなんか分からへん」

せっかくのオフの過ごし方としては『1日中寝てました』というには
あまりにも惜しく、

「洗濯モンは帰って来てからで間に合うな。

(冷蔵庫の中の)**食料は足りてる。**

(レンタルの)**DVDは期限過ぎとったっけ?**」

パパパッとチェックをすませ、
秋冬物の新しい洋服を買いに街へ飛び出した。

西野クンお気に入りの『裏原(↑派出所じゃないよ)』に
向い、

「**こんにちは~久しぶりです**」

「おぉ! 最近忙しそうだねぇ、全然来ないし」

「**いやいや、そんなに売れてるワケではないんですけどね**」

と、顔なじみの洋服屋の店長と軽口を叩き合う。

『こちら裏原宿派出所』

あっ! アキヒロじゃ~ん!

「そうだ！
西野クンに似合いそうなジャケットが入ったんだよ」

「マジですか!?」

まるで『**TOKYOスタイル**』の
ような会話だけど（笑）、
もちろん超オシャレな西野クンは
コントの『**アキヒロ**』とは違い、
しっかりと吟味した上で、

「う〜ん、
これはすっごい好きな感じ（の服）**なんですけど、**
パンツ（ズボン）**と合いますかねぇ」**

『TOKYOスタイル』

「レザーパンツなんかどう？ 何本か持ってたっけ？」

「持ってることは持ってますけど……」

かなりディープなっていうか、2人でしか分かり合えない『あうんの呼吸』で次から次へと試着を重ねていく。

**「せっかくやし……

このジャケットとそっちのパンツ、
それからこのニットももらっときます」**

あれあれ、久しぶりのオフだからって太っ腹になりすぎちゃいけませんよ（笑）。

あっ！ アキヒロじゃ〜ん！

西野クンが店員さんをナンパ？

「さて……と、もう1軒ぐらい回ってみるかな」

お目当ての店で服を買い込み、
でも、それでも何か物足りない感じでモヤモヤする西野クンは、
気になる店をもう1軒覗いてみるコトにした。
ところが、

「あれ？　今日はNさんお休みかいな!?」

いつも西野クンとファッション談議で盛り上がるNさん（↑店員さんね）
の姿は見えず、代わりに——

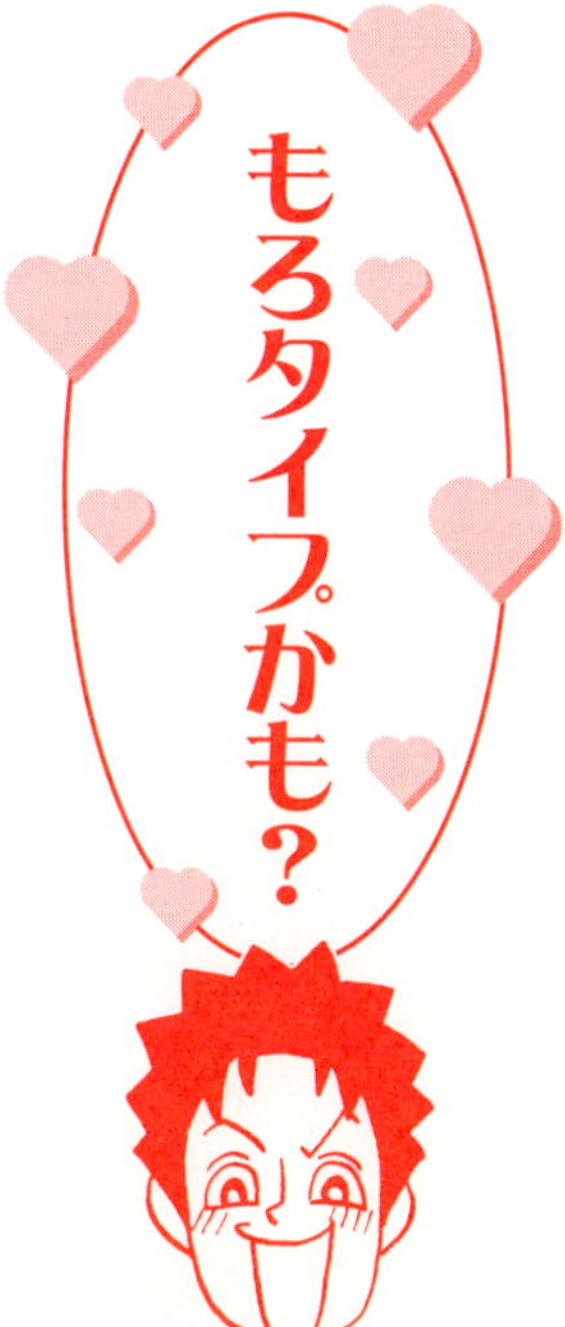

新しく入ったのか、アイドル顔負けのキュートな女性店員が目に入った。

「あの～、すいません」

「はい」

こんな時こそ**『芸能人』**という看板を使わなくて

どうするんだ！

……ぐらいの勢いで（↑どんな勢いだよ）、

『俺ですよ、俺。キングコングの西野亮廣ですよ』

オーラ出しまくりでポーズを決める西野クン。

あっ！　アキヒロじゃ～ん！

「似合いますかねぇ〜どう思います？」
この冬流行の『**フェイクファー**』の
ジャケットを羽織ってみせた。
「………」
「（な、なんやこのコ、
まったく無反応じゃん）」
天下の（？）西野クンが
思いっ切り男前に構えているのに、
愛想がないというよりは
ほぼ無視。

「あ、あの〜」

「はい？」

「これ、どうですか？　似合うてますか!?」

「…………」

『はい』と返事はするのに、洋服屋の店員さんにあるまじきこの態度。

「どうですか？　似合いそうですか!?」

「…………」

「これ、今年の冬に流行るんですよね？　ツィードのジャケットとかもあります!?」

「…………」

おかしい。ここまできたら明らかにおかしい。

あっ！　アキヒロじゃ〜ん！

たまたま気がつかなかったら仕方ないけど、
3回も連続で（客として）声をかけているのに、
無視する意味も理由も分からないもん！

「（しゃあない、この店は出直すか）」

西野クンは試着していたフェイクファーのジャケットを脱ぎ、
そそくさと帰るコトに決めた。すると――

「あっ！」

いきなり店員の女のコが悲鳴にも似た短い声を上げた。

「やっぱり、『アキヒロ』じゃん！」

「あ、アキヒロ？」

うん、正しい。
西野クンは『亮廣』には間違いないもの。

『アキヒロ』ってTVのまんまじゃ～ん！

「へぇ～ホンモノ見たの初めて」
「ボクもアナタ、初めてですよ」
「何それ！ ナンパ？」

「（おいおい、いくら可愛くても仏頂面の後に豹変するのはやめてくれ）」
当たり前だけどムッとする西野クン。
「アキヒロって普段から〝アキヒロ〟なんだ。超ウケる」

「**何もウケてへんやろ！**」
いいぞ、ここは怒っても。（↑頑張れ！）

あっ！ アキヒロじゃ～ん！

「だって〝アキヒロ〟ってテレビのまんまじゃん」

「テレビ!?」

「見たよ、洋服屋さんのコント。

店員に勧められたら
何でも買っちゃうヤツ」

「**別に勧められてないやろ**」

どちらかというと、
さっきまでは逆だものね。

TVのまんまじゃーん！
いーよ、アキヒロ
マジすか？
ちがうっ！
キャハー

「おっと考えてたんだよねぇ～
『アキヒロ』の名前が出て来なくて」

——そろそろ西野クンの怒りもピークに達しようとした時、
店員さんから思いも寄らぬ言葉が発せられた！

あっ！ アキヒロじゃ～ん！

「もろ〝アキヒロ〟だよ！
だってそれ、女物だし」
「**女物？**」
「あったり前じゃん！
男で『**ヒョウ柄のフェイクファー**』を〝いい〟なんて言うの、
『**ヤ〇ザ**』と『**アキヒロ**』ぐらいでしょ？
つーか〝女物〟って知らないで勧められたら、
ゼッタイに買っちゃう空気だったよね。
超ウケるんだけど」

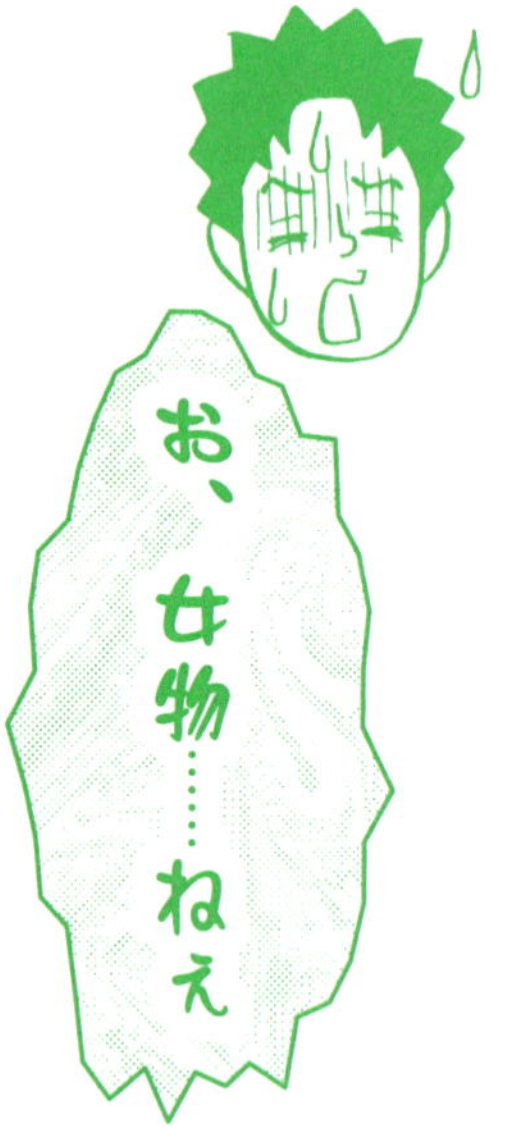

こんな女物着るの
ヤ〇ザと
アキヒロ
くらいでしょっ！
なんや？
えへへ
あっ
レディースね
超ウケるー

——名残惜しそうにジャケットを元に戻す西野クン。
さすが、いくら気に入ってても、
女物は着れないですしね～（笑）。——

きんこん

えっ!? 梶原クンが『キャバクラ病』に？

「見て見て、これが今日のHちゃんの待ち受け♥」

「……」

「どや、可愛いやろ？」

「……」

携帯電話を片手に、『ニコッ』というより

『ニヘラッ』と笑いながら西野クンに話しかける梶原クン。

「明日はどの写真を待ち受けに使おうかなぁ～。

ん？ ひょっとして足らへんかも!?

そや！ 今度新しい写真撮りに行かな」

「お前、昨日も行っとったやんけ！」

一体この会話、何について話してんでしょ？

「へぇ～、カジがキャバクラにハマってんのか」

「そうなんですよ。

ひょっとしたら週に4～5回行っとるんとちゃいますか」

ロバート・秋山クンと控室で話す西野クン。

そう、実は梶原クンが『Hちゃんの待ち受け』と言っていたのは、六本木のキャバクラ『C』の『Hちゃん』という女のコのコトで、今、梶原クンが夢中になっているというから聞き捨てならない。


えっ!? 梶原クンが「キャバクラ病」に？

「西野も行ったの？」

「全然！　面倒くさいやないですか、2人で行くのなんて」

さすがにコンビで遊びに行くのは恥ずかしいけど、
西野クンだって男のコ。
キャバクラの1軒や2軒は行きたいだろう。
しかし、相方が――

「はぁ～っ……Hちゃん可愛いなぁ♥」

――って熱を上げているのを見ると、

「（アホくさ）」

逆に西野クンの熱は下がりっぱなしになるから面白い。

「でもさ、どんなコなのよ。

俺、その〝待ち受け〟って見たコトないから」

「う～ん、ちょっと表現しづらいんですけどねぇ。まぁ、いわゆる**『水商売のおネェさん系』**ですわ」


2人が自分の噂をしているとも知らず、梶原クンはピコピコとメール作業中。

これはきっとHちゃんへの『愛のメール』に間違いないでしょう（笑）。

えっ!? 梶原クンが『キャバクラ病』に?

『ユーちゃん』とラブラブ♥ツーショット

「ユーちゃん、今日も来てくれたの!?」

「あたりまえやん。Hちゃんのためやったら毎日でも来たるで」

「ウしシイ♥」

予告通り（?）、『はねるのトびら』のリハーサルが終わった後に六本木へと直行した梶原クン。

「いらっしゃいませ、梶原様」

「ああ、どうもどうも」

入り口のボーイさんの挨拶から、すっかり顔なじみなのが分かる。

「でも今日、『遅くなるから無理』だって言ってたじゃん」

「アホ！ 俺がヤル気出したら
リハなんてパパッと終わるっちゅうねん」

本当はリハーサルは『予定では10時頃に終わる』――ハズだったんだけど、
梶原クンはHちゃんに、

『今日は2時までには終わらへんかもしれん』

と、C店の営業時間内に六本木に行くのは難しい――
というメールを『あえて』出していたのだ。

「そのへんはテクニックでしょ。
『行かれへん』言うのに来たら、
女のコは誰だってビックリするし喜ぶし」

確かに、でもちょっとセコいかも（笑）。

えっ!? 梶原クンが「キャバクラ病」に？

「なぁ、また写メ撮らせてくれへん？」

「いいよ、でも昨日も撮ったじゃん」

「ちゃうねん。

実はHちゃんの写メを待ち受けに使うたら
西野に見られて、

『誰や、このごっつ可愛いコは!?』

って大騒ぎやってん」

「本当に？」

い、いや、梶原クンが勝手に西野クンに自慢していただけ——の気が。

「ほんなら塚地サンやら
秋山サンやらも大騒ぎで、

『こんな可愛いコが六本木にいるのか！』

ってHちゃんに会いたがってな」

「えぇ〜、アタシ、そんなに可愛くないよ」

可愛いか可愛くないかは別として、
塚地クンや秋山クンのくだりはウソですよねぇ。
「せやけどHちゃんは俺だけのモンやから、
みんなは連れて来いへん。
でも写メぐらいは見せたってもバチ当たらへんやろ」
「恥ずかしいよ、自信ないもん」
と言いつつ、ここまで誉められればHちゃんも満更ではない。

えっ!? 梶原クンが「キャバクラ病」に？

「どや？　たまにはツーショットで」

「ユ～ちゃんならいいよ♥」

こうして2人、顔と顔を寄せ合ってのツーショット撮影タイム。

ちなみにどうでもいいんだけど、

『ユ～ちゃん♥』ってのはどうなのよ？　梶原クン（笑）。

梶原クンの恋の行方は!!!!!?

「可愛いでしょ?」

「……う~ん、まぁまぁかな」

翌日、『はねるのトびら』の本番前に秋山クンに昨夜の写メを見せる梶原クン。

えっ!? 梶原クンが「キャバクラ病」に?

「イヤ〜、普通、キャバクラの店内は
カメラ撮影禁止なんですよ。
せやけどHちゃんが——
『どうしてもユ〜ちゃんと撮りたい♥』
って言うから仕方なく」
「ゆ、ユーちゃん？」
「この写真を見ても分かる通り、
ほぼ〝ラブラブ♥〟ですからね。
そのうちスタジオ見学とかに連れて来ますから、
僕の『彼女』として」

あれあれ、それはあまりにも大胆なご発言。
そしてその発言のウラにも『どうしてもユーちゃんと撮りたい』って
ウソが隠されているし（笑）。

はぁ〜、
今日も早く
終わらへんかなぁ。
僕のHちゃんが
待っとんのに♥
Hチャ〜ン♥

——待ち受けを見せるだけ見せると、
フラフラ〜っとどこかへ歩き去っていく
梶原クン。——

えっ!? 梶原クンが『キャバクラ病』に?

あきれ果てて西野クンに尋ねる秋山クン。

「金とか大丈夫なの？」
「そろそろダメでしょ。すぐにフラれますよ」

キャバクラ病やね
アイツ病気?
うふふ
ユーちゃん
フラ
フラ〜

――梶原クンの恋は成就するのか!?
ファンの皆サンにとってはやきもきするだろうけど、
周りのメンバーからは『結果が見えている』と
冷たい御意見でした（笑）。――

きんこん

走れメロス
～メロス西野(?)『赤坂5丁目マラソン優勝』その後……

秋のTBS特別番組**『オールスター感謝祭』**の**『赤坂5丁目マラソン』**で、見事優勝に輝いた西野クン。

「**その後の駅伝が俺もカジも情けなかったし、優勝しても喜びは半分かな**」

とは言え、ガッチリと優勝賞金50万円を懐におさめたのだから、嬉しくないハズがない（笑）。

しかし、逆に優勝したコトでキングコングの仲に大きな亀裂が走った……
と聞くと、これは何やらおだやかじゃないよね。

「少なくとも半分、いや4分の3は俺にももらえる権利があるで」

「半分から〝4分の3〟って増えとるやんけ！」

強固に自分の権利（?）を主張する梶原クン。
一体、2人の間にどんな約束があったのだろうか——

走れメロス～メロス西野（?）『赤坂5丁目マラソン優勝』その後……

よっしゃアキヒロ走って来い！　俺たちは『走れメロス』の関係や！

「大丈夫か？」

「……OK！　ほな行って来るわ」

「おお、気張って走れよ」

TBSの改編期での名物番組、
『オールスター感謝祭』の1ヵ月ほど前から、
仕事場でコソコソと姿をくらます西野クンの姿があった。

「練習自体はずっとやっとるねんけど、
本格的に練習するのは1ヵ月ぐらい前からかな」

そう、何としても『赤坂5丁目マラソン』に優勝するための特訓だったのだ。

しかし——

「特に『はねトび』の時はメンバーにも悪いやん？
『ちょっと走って来るか』とも言いにくいしねえ」

人気やキャリアはともかくとして、最年少の西野クンだけに気を遣う。

「まかせとけ！
お前がおらへん時は俺がフォローしたるから」

「か、カジ……」

そこで頼もしいパートナー・梶原クンの力が必要となるのだ。

走れメロス〜メロス西野（?）『赤坂5丁目マラソン優勝』その後……

「お前の分も打ち合わせはバッチリやっとくし、
全面的に協力したるから」

「悪いな」

「何言うてんねん！
これはいわゆる『走れメロス』の関係やろ」

「は、走れメロス⁉」

「そうや、俺はお前を信じて待ってるし、
お前は俺のためにも走るんや！」

「いや、俺が走るのは自分のた——」

「ストップ！　みなまで言うな。
お前の気持ちは分かってる」

「はぁ？」

「『お前の勝利は俺ら2人の勝利』——
そう言いたいんやろ、照れるなよ」

「……ま、まぁ、コンビやしな、それでええわ」

よっしゃアキヒロ！
走って来い!!

おぉっ！

走れメロス〜メロス西野（?）『赤坂5丁目マラソン優勝』その後……

『走れメロス』じゃなくて単なる『赤坂5丁目マラソン』ですが……
まっどっちでもいっか（笑）。

行け！アキヒロ！
オマエがメロスで
オレがセリヌンティウスや！
め？ろ？す？
さっ
走れ
メロス中

俺にも『分け前』をくれ～～！

見事、『赤坂5丁目マラソン』で優勝をおさめた数日後、ニコニコと大阪商人のような物腰で（↑どんな？）近寄って来る梶原クン。

走れメロス～メロス西野（?）『赤坂5丁目マラソン優勝』その後……

「〝例のヤツ〟、いつ頃もらえるんやろな？」

「例のやつ⁉」

「おい、おい、何トボけとんねん。

『賞金』に決まってるやんけ」

『オールスター感謝祭』での優勝賞金がいつもらえるか、

梶原クンは自分のコトのように（？）気が気じゃないみたいだ。

「いや、毎年、そんなに早くもらえへんやろ」

「そやったっけ？」

「それに吉本に入るんやし、

まぁギャラの時にどんだけ抜かれてるか——コて、

何でお前が気にすんねん」

——確かに。

「おいおいメロス、
俺らは『一心同体』やんけ」
「だ、誰がメロスやねん！」
すっかり西野クンをキャラ!? にしちゃってる（笑）。
「まぁそやな、吉本に抜かれて入って来ても……
そのうち半分、いや4分の3は俺の取り分ってコトで」

最初のやりとりの続きだけど、
それはあまりにも強欲過ぎる。
というより、そもそも梶原クンに
何でももらえる権利が!?

走れメロス〜メロス西野（?）『赤坂5丁目マラソン優勝』その後……

「お前、冷静になって考えてみ？
そもそも優勝出来たのはお前1人の力とちゃうで」

ポンポンと西野クンの肩を叩きながら梶原クンが言う。

1ヵ月前を思い出せ！
お前が安心して練習出来るような環境を
整えたのは俺やろ

そ、そうか？

「そうや！人間誰しも1人では強うなれへん。
言うてみればお前が『イチロー』やったら
俺は『チチロー』。
いくら才能があったとしても、
チチローがガキの頃からイチローを育てな、
メジャーリーグでも
トップの選手にはなれてへん」

「俺は『メロス』と
違うたんか？」

カーン
よーし、ええぞ！
その調子や！
オマエイチロー
オレチチロー
はあ？
メロスだったんちゃうの？
メロスはどうした？
51

走れメロス～メロス西野（?）『赤坂5丁目マラソン優勝』その後……

「どっちでもええねん。そんなコト！」

「ええんかい!!」

「つまりはコンビっちゅうのは〝2人で1人〟やろ？
何とかひとつ、ここは俺にも分け前を……」

まあ、少しは梶原クンの協力もポイントになっていたもんね。

どうだろう西野クン、ここは3分の1とか4分の1、分け前を（笑）。

「……しゃあない、
ほんならオゴるから何か旨いモンでも食いに行こか」

『やれやれ』という表情で西野クンが言う。

まあそうかもね、お金は渡しづらいもんね。

ところが——

「旨いモン!? ええってええって。
食いモンは、立ち食いソバでもかまへん」
『とんでもない!』とばかりに首を振る梶原クン。
いやひょっとして、まさか——

それより『キャバ(クラ)』に
行かへんか?
俺、割引券持ってるし、
おトクやで

——やっぱり(笑)。

走れメロス〜メロス西野(?)『赤坂5丁目マラソン優勝』その後……

「な、何でやねん」
「俺はキャバクラに行くためにしんどい思いをして走ったんとちゃうわい!!」

——正論です。

「ええやん、一度くらい」

「あかん！
メシやったら寿司でも焼肉でもオゴったるけど、
キャバクラはアカン!!」

「ちぇコ」

仕方ないよ梶原クン、ここはあきらめなきゃ。

「……せっかくたまっとるツケを
〝会計に渡したろ〟思ってたのに」

「何や～!?」

「い、いや、何でもないて……」

走れメロス～メロス西野（?）『赤坂5丁目マラソン優勝』その後……

――自分のツケをゴッソリと
払わせるつもりだったなんて！
それじゃあまりにも
『メロス西野』がかわいそうでしょ（笑）。――

ロバート

ROBERT

ろばーと

馬場クン、センター街で危機一髪！

「おぉ！　元気そうじゃん」

ここは渋谷のセンター街にある居酒屋。

この夜、プライベートの友だちとの飲み会に遅れて参加した馬場クンだった。

「とりあえず、一気だな！」

「マジに!?　まだ何も食ってないのに……」

そうそう、お腹に何も入れていないのにお酒を一気するのはなかなか辛いコト。でも馬場クン、口では嫌がっているけど顔は嬉しそう。

だって、

「やっぱ楽なヤツら（↑気の置けない友人?）**と飲むのって、本当に楽しいんだもん」**

ロバートも売れっ子になり、さまざまなプレッシャーがかかる中で、こういう時間って本当に大事なんだね。

「よ～し！　今日は盛り上がっちゃうよ!!」

すっかり楽しそうな馬場クンだけど、お酒を飲めば飲むほど、逆に酔いがスーッと醒めていく恐怖を味わうとは、この時はまだ知らなかった――

馬場クン、『とってもヤバイ人たち』に遭遇

「センター街の飲み屋なんて久しぶりだけど、ずいぶんと若いヤツらが増えたよな」

馬場クンがここで言う『若い』とは、本当はイケないんだけど10代のコト。
皆サンは『お酒は20歳から』って知ってるから、飲みに行ったりしてないよね（笑）。

「でもお前、キャップにメガネだと全然オーラねぇな」

さすがに少しは変装しないと髪の毛の色でバレちゃう馬場クン。
この日は薄手のニット帽に黒縁のメガネをかけ、
いかにも『オシャレな大学生』風の格好でやって来ていた。

『オシャレな大学生』風

「やっぱさ、お笑いって
『カラまれる』から怖ぇんだよ」

「マジに？」

「この間も、知ってる芸人さんが
歌舞伎町で飲んでたら
『何か面白いコトやれ』って言われたんだってさ」

うん、ありがちなパターンだね。

「そんで『すいません、プライベートなもんで』
って言ったらキレられて、
いきなりボコボコだってよ」

怖っ！　それはあまりにもヒドい話だよ。

――カラまれやすい芸人？――

「でも一応、芸人とはいえタレントがボコられたって
知られたら恥ずかしいから、
警察とかマスコミには言わなかったんだって」

なるほど。芸能人も辛いんだねぇ。

「馬場も変装しなきゃヤベェよな」

「そうそう！
あんな『ヤンキー・コント』やってんだから」

—馬場先輩—

確かに！
『馬場先輩』はヤンキーの
ターゲットになりやすいかも。

「バ〜カ！ 俺なんて相手が3人でも5人でも一撃だぜ!!」

酔いが進み、少〜し気が大きくなる馬場クン。

「本当かよ？　馬場のケンカって想像つかねぇ」

「真っ先に逃げ出すんじゃねぇの？」

「よく言うよ！　俺の『武勇伝』、聞かせちゃおうか？」

と、その時、馬場クンたちの後ろの席から、いきなり――

アイツ、超ウゼェ!!

――と大きな声が聞こえた瞬間、

反射的に**『ビクッ！』**と身体が縮こまる馬場クン。

続いて――

「ヤッちゃえばいいじゃん」

「マジかよ。こないだみてぇに吊すか！」

「（つ、吊す？）」

一体、人間をどこに吊すというのだろうか？

ソ～ッとおそるおそる、チラリと後ろを振り向く馬場クン。

そこには全身のタトゥを誇らしげに見せつけ、鼻や唇にピアスをつけまくるいかにも**『悪そうなギャル男』**が3人、土足でボックス席の椅子の上に乗っかるかのようにして騒いでいた。

「そういえばお前、
この前、○○○○ボコったんだって?」
「(**へっ!? ○○さんを?**)」

俺の武勇伝
聞かせちゃおうか?
アイツ超ウゼエよな
ヤンキーのだろ
ムカツクんだよな
やっちまおうぜ
ガーン

「おぉ、一発殴ったら土下座しやがってよ。
ツレの女がヤツのファンだって言ってたから
『ベルトとクツ脱いでけ』
って脅してやったよ」

え～っとキミたち、ベルトと靴を取られたら、
とても大変な格好で帰らなくてはいけないのですが……。

「テレビで
『ヤンキーのコント』とかしてるヤツいんじゃん。
アイツもムカつくよな」
「（お、俺!?）」

その瞬間、腰から下の感覚がなくなっていく馬場クンだった。

人生最悪の日……馬場クン『吊される』!?

「ウゼェよな。どこの服かしんねぇけど
ゾクの格好しやがって」
「ナメてんべ」

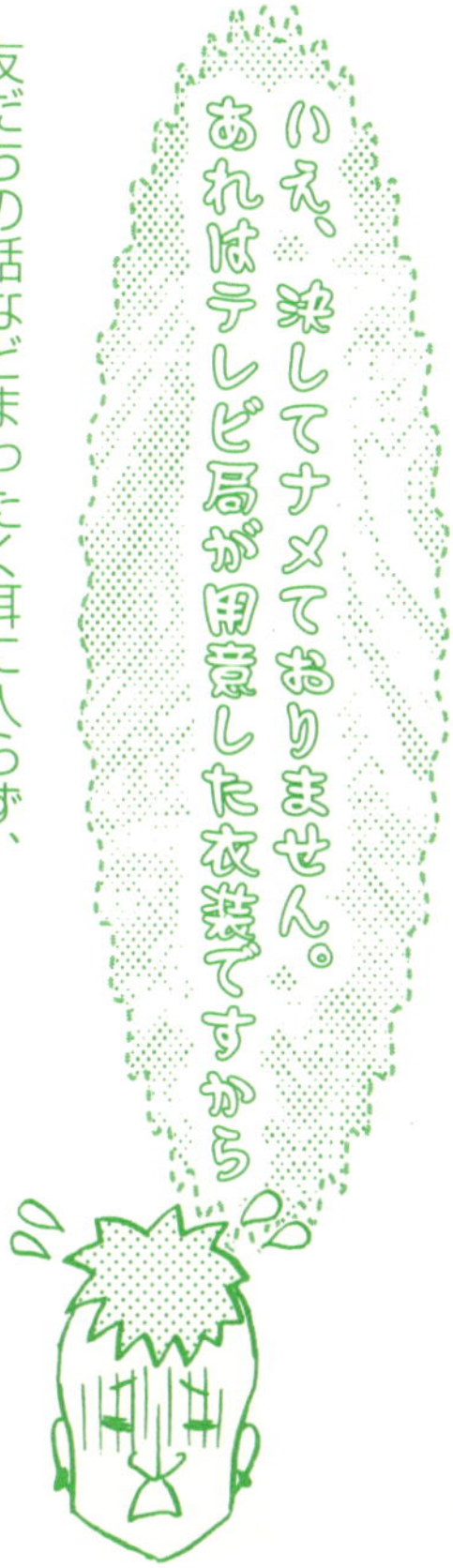
いえ、決してナメておりません。
あれはテレビ局が用意した衣装ですから

友だちの話などまったく耳に入らず、
ひたすら神経が後ろの席に向かっている馬場クン。

馬場クン、センター街で危機一髪！

「あれ？　馬場、どうしたの‼」

不思議がる友だちに、

「い、いや、別に……」

引きつった笑顔しか返せず、
歯がカチカチと鳴って全身がこわばる。

「（ど、どうしよう。

今見つかったら
吊されちゃうよ！）」

とにかくこの場は、自分が
『ロバートの馬場裕之だ』と気がつかれないコトが大切。
後ろの席からは相変わらず——

——と物騒な言葉が聞こえてくるんだもん。

馬場クン、センター街で危機一髪！

「つーかさっきのヤツ、そのへん歩いてねぇかな？」

こ、ここにいます

「バ〜カ、怖くてセンター（街）に来れっかよ、芸人が」

来ちゃってます

もはや一刻の猶予もない。とにかく何とかしてここから――

いや、渋谷から逃げ出さねば！

と、その時――

大丈夫か？
馬場ー

「あーっ! さっきのウゼェヤツの名前、思い出したよ」

もうダメだ。何と人生最悪のタイミングなんだろう。

すべてが『馬場クンが見つかる方向』に展開が転がっちゃってる。

「誰よ? スケジュール調べて拉致るか!?」

馬場クン、センター街で危機一髪!

「（そ、そんなコトしなくても、後ろ向いたら見つかります）」

「『いつもここから』だ」

「（そう、ここにいる……へっ⁉）」

「そうそう！

めっちゃ弱そうなのにゾクのマネしてんのな」

なんとまぁ、自分ではなく『いつもここから』の
『どけどけコント』の話だったのね。

——それから数十分後、ギャル男たちはどこかに『狩り』をしに行ってしまいました。

「つ、疲れたぁ～……」
「馬場!? どうした？」

——ガックリとテーブルに突っ伏す馬場クン。やれやれ、とんだ飲み会になっちゃったねぇ（笑）。——

ろばーと

秋山クンのニセ者、歌舞伎町に現る!

10月から始まったテレビ朝日系の深夜番組『**Qさま!!**』に、
レギュラープレゼンターとして出演しているロバート。
さまぁ～ずサン・優香チャンが司会のこの番組は、
プレゼンターが持ち込んだクイズ企画をジャッジして盛り上がるんだけど、
ロバートはアンタッチャブルさんと激しいライバル関係（?）で
競っているよね。

「吉本の先輩でも、極楽とんぼサン、ココリコさん、
ロンブーさんなんかみんな、
テレ朝の深夜からゴールデンへのきっかけを
掴んでるでしょ？
ウチらもそのステップになればいいね」

そう、今はまだ出演者に過ぎないが、
半年後、1年後には自分たちがメインの番組を持ち、
やがてはゴールデンタイムに進出しなきゃ！

「そのためにも、本当、頑張るよ!!」

しかし、気合を入れて臨む『Qさま!!』だけど、
その第1回目の放送から〝トンデモナイ出来事〟が待っていたとは、
当の秋山クンもまったく気づくハズもなかった――

秋山クンのニセ者、歌舞伎町に現る！

暴露された！ 秋山クンの『トンデモナイ秘密』

「しかしキャバクラって、仕事じゃなくて、
遊びで行く所だよな」
「そうそう、それに素のキャバ嬢に会っても
全然面白くないし」

ブツブツ言いつつ『Qさま!!』の第1回目放送分のロケに向かうロバート。

その日のロケは――

『キャバクラ嬢100人の携帯メモリーに
1番多く入っている芸能人は誰？』

というテーマで行われ、実は企画を聞かされた時に――

げげっ！『G』と『F』は省いてくださいよ
俺は『N』と『K』
じゃあ俺は『S』と『Y』

――な〜んて、3人とも内心ドッキドキのスタートだった。
（→って、身に覚えありまくり！）

秋山クンのニセ者、歌舞伎町に現る！

「ふ〜ん、やっぱり川○麻○さんが1番かぁ」

アンケートの結果が（実は）ほぼ見えかけていた時、携帯を見せてくれたキャバクラ嬢のMちゃんがとんでもないコトを言いだした。

「ねぇねぇ、
秋山サンってユイちゃんとつき合ってたでしょ？」
「ユイちゃん？ いや知らねぇ、誰のコト!?」
「え〜〜っ！ 超ウソツキなんだけど。
ユイはアタシの友だちなんだから」
「だから知らないよ。
つーかもし知ってたとしても覚えてないし」
突然、自分が『キャバクラ嬢とつき合ってた』と言われ、ビックリの秋山クン。

秋山クンにとっては、まさに『寝耳に水』。

しかしMチャンは、かなりしつこく食い下がるではないか！

「本当に知らねぇし、もしつき合ってたりヤッてたりしたら言うよ！」

「超ヒドイ！ 芸人の風上にも置けないね。アタシなんか○○さんとヤッたけど、今も電話したら出てくれるよ‼」

「うわっ！ お前、○○さんとヤッてんのか⁉」

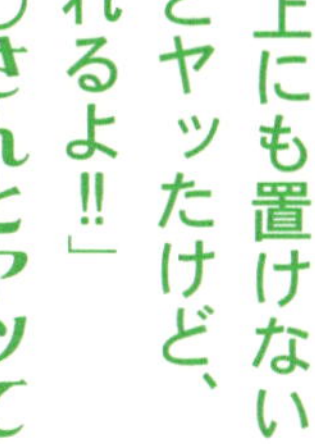

思わぬところで先輩のヒミツを握っちゃった秋山クンだけど（笑）、喜んでいられない。（↑当たり前）

身に覚えのない濡れ衣を、いかに晴らすかが問題なのだから。

秋山クンのニセ者、歌舞伎町に現る！

「**なによ、いきなり呼び出して**」

数分後、ロケ現場のキャバクラ近くでゴハンを食べていたという

ユイチャンが、Mチャンの緊急呼び出しに駆けつけた。

「**何やってんの⁉**」

テレビのクルーや機材を見て、目を丸くするユイちゃん。

さらに——

「あ～っ！ 秋ちゃんだ、久しぶり‼」

「**だから知らないって！ 初対面だってば‼**」

「まだトボけんの？」

ユイちゃんの言葉を否定する秋山クンにツッコむMチャン。

でも何だか、秋山クンの旗色がずいぶんと悪い気も……

「ヒドいよ秋ちゃん、あれから全然連絡くれないし」

「いや本当すいませんけど、アナタ誰ですか？」

まるで自分自身——

『ひょっとして俺はこの子とつき合ってたの？』

——とありえもしない事実を
記憶とすり替えられたかの気分になる秋山クン。

ひょっとして忘れただけ？
いや違う違う！
俺は本当に知らねぇもん

——何がなんだか、混乱しまくっていた。

え？オレと？
え？んー？
ヒドイよ秋ちゃん・・・
超ヒドーイ

「ねぇ秋ちゃん、私怒ってないからまた会ってね」

「…………」

「秋ちゃん、どうしたの？

記憶喪失とかでユイのコト忘れちゃった？」

「…………」

2人のペースに飲み込まれる寸前の秋山クン。

——と頭をかきむしる。

いいかげんにせんかい！
ほんとに知らん
ちゅうとるやろが!!

そう、ここはキチンとキレておく方が身体にいいよ（笑）。

すると——

「あれ？」

何やらユイちゃんが秋山クンの顔をジーッと見つめて

不思議がりはじめた。

それって『俺のせい』なの……？

「あるか？」

「……ない！ ついてないよ!!」

上着をめくり、背中をむき出しにしてユイちゃんに見せる秋山クン。

「どうしよう、本当に別人かも」

「マジに!? ヤバいよユイ、じゃあアイツ、誰だったの？」

「う～っ、分かんないよ！」

真っ赤になってキレかかった秋山クンの顔を見て――

「あれ？ 少し違うかも」

――と言い出したユイちゃん。

―アイツ？―

「なになに！　やっぱり俺とちゃうやろ？
他にどんな特徴覚えとるん？」
「背中にホクロが」
「ホクロ!?　どこどこ！」

ユイちゃんが覚えているという
『背中のホクロ』を
チェックさせるために見せ――
「ない！　ついてないよ!!」
――まさに身体を張って
潔白を証明した秋山クン。

このチューリップが
目に入らぬか！
背中のホクロがないよ！
ホクロ？
一番美しい
チューリップを
ごらんなさい

秋山クンのニセ者、歌舞伎町に現る！

「じゃあアレは誰だったの？」

「知らん、ともかく俺じゃないのは確かじゃ」

「だ、だってホラ、これが番号でしょ？」

みずから携帯に入力している『秋山クンの番号』を見せるユイちゃん。

しかし――

「全然違うもん！　それに名前も間違っとるし」

「名前？」

「俺は秋山リュウジだけど、
この『竜二』じゃなくて『次』って書く『竜次』やもん」

「え〜〜！　だって本人が書いてくれたんだよ」

「本人だったら間違えるハズないじゃん」

そう、そこには『秋山竜二』とあり、
まさか自分で書き間違えるワケはないのだから。

「き、キモっ！ つーか〝あの秋ちゃん〟は誰？」
「ニセ者じゃろ、単なるソックリさんの」
「うそっ！ じゃあアタシ、
秋ちゃんの『ニセ者』とヤッちゃったんだ!!」

しかし考えてみれば怖い話である。
秋山クンにソックリのニセ者が秋山クンの名前を騙って悪さをしているんだから。（↑確かに！）

「どうしよう、マジにヤバイよ。ウソでしょう？」

――そう、ユイちゃんもまた被害者だ。

「……立ち直れないかもしんない。
超ショックなんだけど！
みんなにもあんなに自慢したのに」

半泣きになりながら、ガックリと肩を落とすユイちゃん。

「残念だけど俺じゃないから。まぁ元気出してよ」

秋山クンもそれくらいしか言えないよね。

「そうだ！」

と、いきなりMチャンが大声を上げた。

「じゃあさ、せっかくだから今度は
『ホンモノの秋山クン』とつき合えばいいじゃん」

そりゃ～ヒドイわよね～
うんうん
それより ハンコないの？ ハンコ

はぁ～っ

「秋山クンだってユイをかわいそうだと思うでしょ？」

「そりゃまぁ……」

「ニセ者のバツは本人にも関係あるんだし、自己責任取ってよ」

「〝自己責任〟って意味違うだろ！」

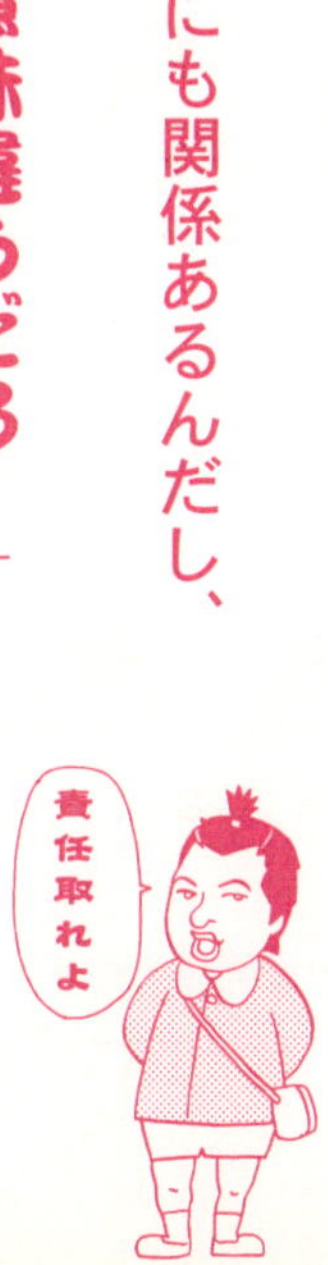
責任取れよ

よろしくお願いしまぁぁす
されないって!!

HAHAHA
ニセ・秋山竜二
えっ
覚えてないの?!
本物
ホンモノ・秋山竜次

——歌舞伎町のキャバクラ嬢の皆サン、

『秋山竜二』には本当に気をつけてください。——

ろばーと

山本クンの〝死んでも治らない〟遅刻グセ

つとめて元気に、『はねトび』のリハーサル室に入って来る山本クン。
しかし――

「…………」

「…………」

秋山クンや馬場クンだけでなく、メンバー全員が――

「…………」

「…………」

ひと言も返事を返さない。

「あ、あれ？ 今日もちょっと遅れたのかな？」

「**ちょっと？**」

「い、いや、だいぶ……」

「**2時間だよ2時間！**

お前ん家からここまで何時間かかるんだ!?」

「ごめんごめん、今日は――」

「何が壊れたんだ？」

「うん、目覚まし時計はもう20個以上壊しとるしな」

「携帯のタイマーは30回ぐらい電源が入ってなかったね」

「別にどっこも電車の事故あらへんよな？」

「えっと……そのぉ～」


山本くんが『死ぬほど遅刻魔』なのは、ディープな『はねトび』ファンでなくとも御存知かな？


「まぁ別に、博がいなくてもリハ出来るし」

「そんなコトないよ！

今日は『琹』があるじゃん」

「最初っからケツに回してる（最後に回してる）っつーの！」


ひたすらブーイングを浴び続ける山本クン。

山本クンの〝死んでも治らない〟遅刻グセ

― 琹と博のテーマ ―

「本当、申し訳ない」

「リハだからってナメてない？」

「な、ナメるワケないじゃん！」

「じゃあ次にリハに遅れたら罰則な」

「うん、しばらく『博の出番ナシ』で」

「〝しばらく〟っていつまでだよ」

「最低1カ月かな」

そりゃ大変だ。1ヵ月も番組のオープニング（VTR）とエンディングにしか出なかったら、全国のファンが泣いちゃうよ！

「何か罰則ねぇと治んないもん、お前の遅刻グセ」

「どうせやったら前乗り（前日入り）**でここに泊まらせたら？」**

「分かった分かった！遅れなきゃいいんだろ!!」

逆ギレ気味にタンカを切る山本くん。しかし長年の遅刻グセ、そう簡単に治るのかしらん？

ブーブー
遅刻したら1ヵ月出番ナシ！
え？え？
そんな？！
なめんなよー

山本クンの"死んでも治らない"遅刻グセ

Ｑバート山本、『はねトび』降板の危機!!

「え～っと、
明日は14時入り（午後2時）だよなぁ、早く寝ないと……」
本人はもちろん、遅刻はいけないコトだと分かっているし、
タレントとしての自覚だって持っている。
しかし――
「他の仕事の時は何とか頑張れるんだけど、
どうしても『はねトび』だけが――」
というように、どこか甘えてしまっているのも確かだ。

実は最近、山本クンのコントが少なくなっているのは、
『遅刻が原因』なのは明らか。

でも——

「このままじゃいけない！」

——と焦れば焦るほど、寝覚めが悪くなるのはナゼなんだろう？

「原因が分かってれば、俺だって起きるよ！」

おいおい、そこはキミが逆ギレするポイントじゃありません（笑）。

「みんなとの約束だし、自分のためなんだから。
1ヵ月も出番がなかったら、
ロバートの山本博は死んじゃうよ!!」

少し大げさですが、
そのくらいの意志がないとダメだもんねぇ……。

山本クンの〝死んでも治らない〟遅刻グセ

〜レイジも死んじゃう？〜

……そしてまた、大遅刻!?

「う、う〜ん……」

翌日、携帯に目覚まし時計3個、
しかも前日は12時前にベッドに入り——
と万全の体制を取った山本クン。

「……え〜っと……俺、何度起きたっけ?」

ぼ〜っとした目で目覚まし時計を見ながら——

「そうだ、2度寝もしてないぞ！
じゃあ完璧にココで起きれば間に合う——
っておい！ もう2時じゃん!!」

——やってしまった。
2度寝どころか『寝たまま目覚ましを止めて』しまい、
スタジオ入りする時間にようやく目が覚めたのだった。

山本クンの〝死んでも治らない〟遅刻グセ

一瞬にして正気に戻り、大あわてで用意を始める山本クン。

「あ〜、う〜、え〜っと、
3時！　3時には入れるな!!」

ドタバタと服を着て、
歯磨きもソコソコに家を飛び出していく。

ダッシュ、ダッシュ！
気合だ!!

うおおぉおぉ〜っ！
ヤバイヤバイ
ヤバイヤバイ
ぬおおおおぉ
ギュン

山本クンの〝死んでも治らない〟遅刻グセ

——運動会でも、これ以上速く走ったコトがないほどの見事なダッシュで駅へ！——

頭の中で――

「（ど、どうしよう。
遅刻確定なんだから、どう言い訳しても……
いや、とにかく着いてから必死で謝るしかない!!）」

――と考えながら、背中に冷や汗をベッタリとかきながら、
フジテレビへと向かった。
局の中を、わき目もふらずに駆け抜け、リハーサル室へ。

「ご、ごめんなさい！」

ドアを開けるとともに、深々と頭を下げ、

「本当にすいません！　許してください！
お願いします!!」

とにかく誠心誠意、おわび作戦に出た。しかし――

「…………」

「…………」

誰からも反応がないので、山本クンは——

「本当に本当に申し訳ありませんでした!!」

土下座をして必死に許しを乞う。

「…………」

「…………」

「お願いします！　僕を降ろさないでください!!」

「…………」

「…………」

「(だ、ダメだ！　もう誰も口をきいてくれない)」

涙がこぼれそうになるのを、グッとこらえる山本クンだった——

「博、もう着いてるかな？」

「どうだろ。でも遅刻するにしても、
そろそろいい頃だよな」

ちょうどその時、のんきにお台場のホテルのロビーでお茶している
秋山クンと馬場クン。

「でも本当に2時に来てたら笑っちゃうよな。
だってみんな揃って――
『あれ〜？　14時入りじゃなくて〝4時入り〟だけど』
って言うんだもん」

そう、実は遅刻魔の山本クンを一度こらしめようと、
メンバーで大芝居を打っていたのであります。（な、なんと!?）

「4時に10人揃って入っていった時の、博の顔が見物だぜ」

「超早く見たいんですけど！」

やれやれ、逆に山本クンが

『14時じゃなくて4時かと思った』と言い出しそうなボケを、

みんなが使っていたとは――ちょっぴりかわいそうじゃん（笑）。

「ま、たまには待たされる身にならないと、アイツも。

ちゃんと来ていればの話だけど」

そして、その頃――

「本当に本当に本当にすいません！」

――無人のリハーサル室で、
ひたすら謝り続ける山本クンの姿が……
まだ、あった（笑）。――

HOKUYOH

北陽

ほくよう

虹チャンはお肌の曲がり角!?

「**おはようございま〜す**」

テレビ朝日のメイク室でメイクをしていた虹チャンと伊藤チャンに、

塚地クンが声をかけた。

「**あっ！ おはようございます**」

「**おはようござます**」

いつも会っているのに、

他局で会うと少しよそよそしくなるのが面白い。

「今日はよろしくお願いします」

「いえ、こちらこそ」

ほらね（笑）。

「……」

しかし、それにしてもなぜか、
メイク室の入口というか斜め後方から
『ジーッ』と必要以上に2人を見つめる塚地クン。

「ん？」

視線に気づいた虹チャンが、鏡の中で塚地クンと目を合わせる。
その瞬間、『パッ』と目をそらす塚地クンだけど……
しばらくするとやはり**『ジーッ』**と見つめる。

「ん？」

「（パッ！）」

「？」

「（ジーッ）」

「ん？」

「（パッ！）」

「？」

「（ジーッ）」

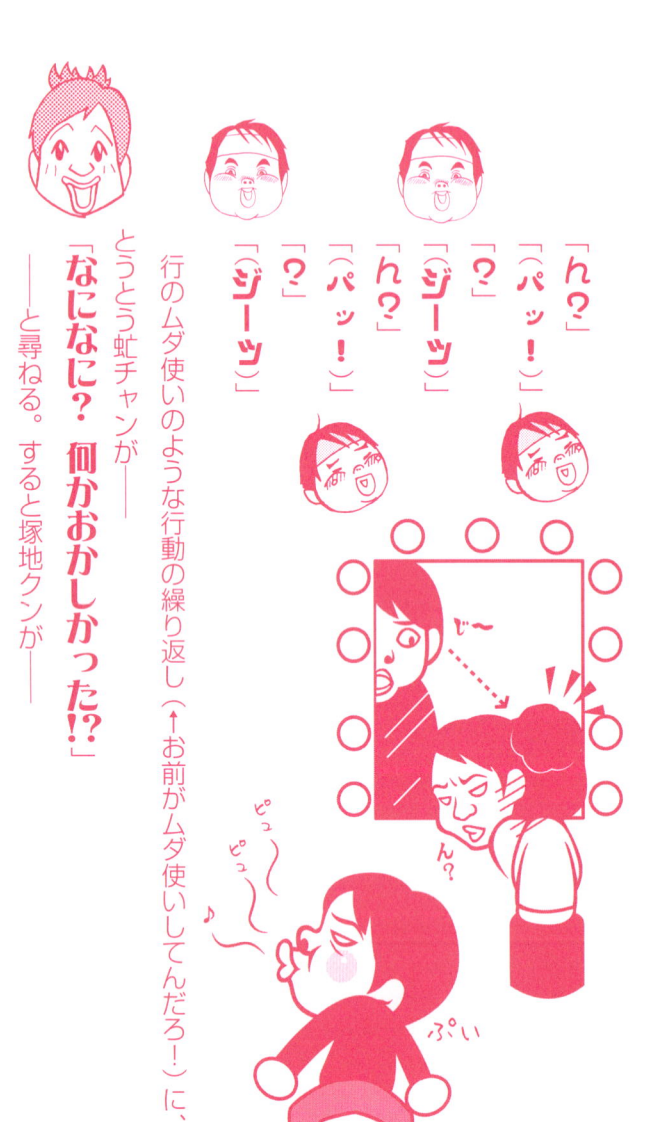

行のムダ使いのような行動の繰り返し（↑お前がムダ使いしてんだろ！）に、
とうとう虹チャンが——
「なになに？　何かおかしかった!?」
——と尋ねる。すると塚地クンが——

「あ、いえ、べ、別に……」

しどろもどろで答えちゃうもんだから、

「え～っ！ 超気になるじゃん!!」

——のが当然だよね。

「いやホンマに、気にせんとってください。あっ！ 僕もそろそろ着替えんと……」

「変なの？」

あわてて立ち去る塚地クンを、ノドに刺さった小骨のように感じる虻チャンだった。

『塚地の視線』が気になる!!

「ねぇ、今日の塚ちゃん、変だったよね」

「そう?」

「本当、伊藤チャンって鈍すぎ!」

本番の収録が終わり、楽屋に戻る2人。実は虹チャンは本番中も何度か、

「(ジーッ)」

「ん?」

「(パッ!)」

の繰り返しを、塚地クンとしていたのだ。

「めっちゃ気になって、モニターの中の顔を見てたら目線外しちゃったよ」

このモヤモヤは今すぐに解消しないと、次の仕事に引きずってしまう。

虹チャンはドランクドラゴンの楽屋まで行き、直接尋ねるコトにしたのだ。

「塚ちゃ～ん、あれ？」

しかし楽屋のドアをノックしても塚地クンがいる気配はない。

収録が終わってほんの2～3分後、
さすがにまだ局から出てしまう時間ではないだろう。

「先にメイク落としちゃおっかな」

そう思ってメイク室に向かおうとした虹チャンは、

『某お笑い芸人』の楽屋のドアが少し開いていて、
そこから塚地クンの声が聞こえて来るのに気が付いた。

「何だ、〇〇〇さんと一緒だったのか」

ちょっと言えない（？）この〇〇〇さんも、もちろん虹チャンにとっては
よく『知っている』関係、ついでに自分も中へ入っちゃえ！


虹チャンはお肌の曲がり角!?

——と思ったその時！

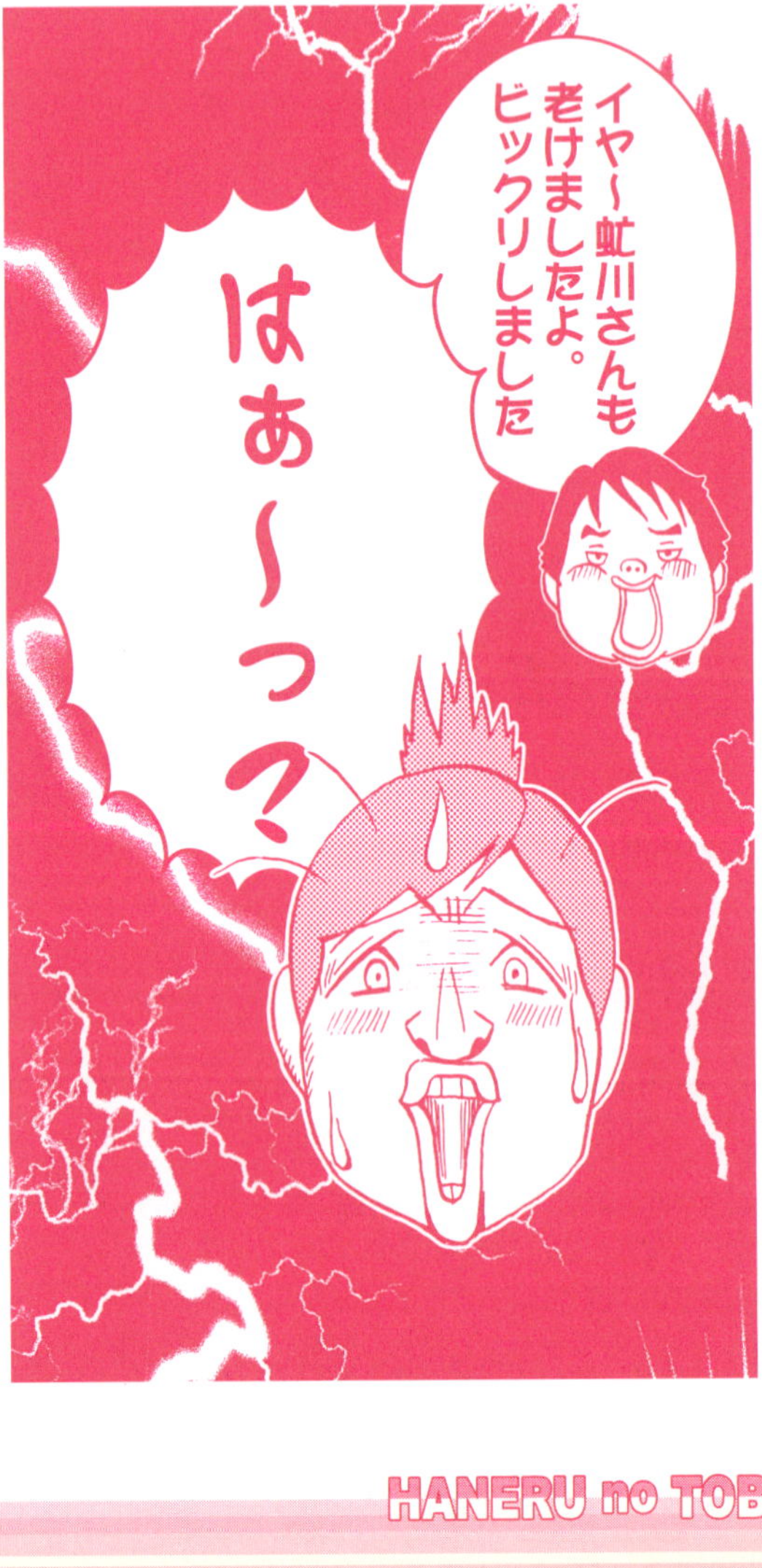

イヤ〜虹川さんも老けましたよ。ビックリしました
はあ〜っ？

——耳を疑うような、塚地クンの大声が聞こえて来たのだった！

「本当？　まぁアタシらと年もそう変わらんしね」

おやおや、塚地クンの話し相手は『女性』のようです。

「伊藤さんはね、色も白いし
肌も柔らかそうなんですよ。
でも虹川さんは〝ボロボロ〟ですね。
毛穴が〝ガバ〜ッ〟と
開いてましたから」

な、何だとオ〜〜！

なっ
なんだと！
虹川さんの肌は
ボロボロですね
毛穴が
ガバーッと
開いとるし
毛穴
○○シズ
オア○○

——虹チャンに盗み聞きされているとは知らず、好き勝手に言っている塚地クン。——

「光○さんと大○保さんはいつまでたってもお若いですよ。
やっぱ虻川さんも先輩のそういうところを見習わんと。
実はココだけの話、最近〝夜遊び〟が激しいらしいんですわ」

バ〜ンとドアを開け、中に飛び込んでやりたい気分だが
ここは、もう少し塚地クンに『言いたい放題』させてみよう。

塚地クンの『告げ口』に虹川マジギレ!!

「塚ちゃんはなかなか、いいトコを見とるのォ〜。さすが事務所の稼ぎ頭！」

「そんな、とんでもありませんよ。オア○○さんたちが道を切り拓いて下さったところを、失敗せんようにコツコツやって来ただけですから」

「偉い！ キミは人間が出来とる」

「(なるほど……塚ちゃんのヤツ、○○シズさんに取り入るために、私をダシに使ってるってワケか)」

虹チャンはお肌の曲がり角!?

長いつき合いなので取り入る必要はないかも知れないけど、
後輩の女性芸人を
『まだまだ先輩たちの域には』と落とすコトで
とりあえず先輩の女性芸人に対し、おべんちゃらを言っているのは確か(笑)。

「でも塚ちゃん、いいの〜？ 北陽に聞かれたら大変だよ」

「そんな大変もクソも、
僕は悪口を言ってるワケじゃなくて
『真実』を言ってるだけですから」

ますます調子に乗る塚地クンに、
虹チャンも一発かまさなきゃ気が済まない。
「(**そうだ！**)」
ソ〜ッと開き気味のドアを閉め、
そこに仁王立ちして塚地クンが出てくるのを待つ。

「ほんなら僕、
今日は家に帰って洗濯せなアカンので失礼します」
「おいおい、本当は次の仕事が詰まってんだろ？」
「いえいえそんな、まだまだ若輩者ですから」

おそらくは中で、ニコニコ顔の塚地クン。
あ〜あ……ドアを開けた瞬間、
恐怖で顔が引きつるだけなのにねぇ（笑）。
「失礼しま〜す」
ガチャッとドアを引き、後ろ手に持ってオ○シ○さんに頭を下げると、
クルッと向きを変え——

そして、そこにはもちろん『鬼のような形相の虹チャン』が——

お肌がなんだって？
伊藤チャンはともかく、〝私がどうした〟って？
えっ⁉
い、いや、その、あの……

この後——

特選タン塩５人前
特選骨付きカルビ５人前
特選上ロース５人前
10000
10000
ごちそうさま
ううう・・・いくらやろ
バクバクバクバク

「特選タン塩5人前！」

「ご、５人前？」

「特選骨付きカルビも５人前！」

「そ、そんなに食えへんでしょ!?」

「はぁ〜っ？」

「な、何でもありません……」

──北陽と○ア○ズに囲まれ、西麻布の超高級焼肉屋で
『オゴラされている』塚地クンの姿が。
口は災いの元、ですよ単純に（笑）。──

ほくよう

打倒・小池栄子！って感じ？

あのコにだけは絶対に負けたくない！

日頃、『私は温厚を絵に描いた、芸能界には敵を作らない』主義の虻チャンが、なぜか息巻いている。

「だいたい何さ！
ちょっと背が高くて胸が大きくて
可愛いだけじゃん!!」

い、いや、それはかなり素晴らしいのでは（笑）。

「とにかく『キャラ』が私とかぶりまくりなのよね。
グラビアの世界だけにいてくれれば
私も文句言わないけど、
バラエティにドラマにって大活躍じゃない？
本当、こっちの領分を侵さないで欲しいワケ」

う～ん、何だか虹チャン、一方的に思い込んでる気も（笑）。

打倒・小池栄子！ って感じ？

—キャラかぶる？—

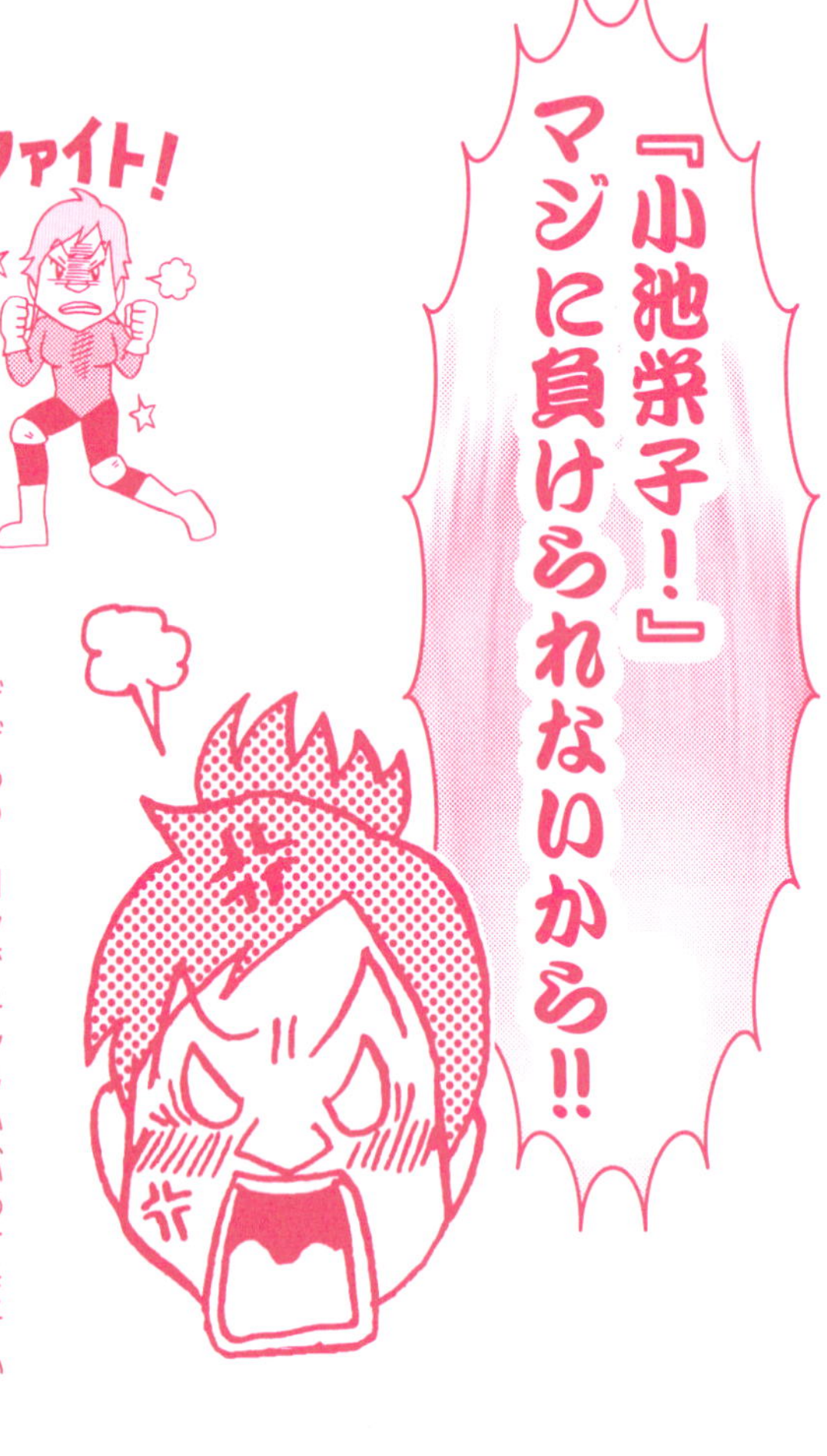
『小池栄子！』
マジに負けられないから!!
ファイト！

——げげっ!? コレでキャラかぶってますか?

『小池栄子って、私とキャラかぶりまくりなのよね〜』（らゞ虹川）

「虹チャン、たまには遊びに行こうよ」

「えっ!? う、うん、私は別に『遊んであげても』いいけど」

「なによそれ！ またそんなコト言ってんの？」

日本テレビ系の某深夜番組で、栄子チャンをゲストに迎えた虹チャン。

この日は横浜にあるスカッシュセンターがロケ現場で、
他にも佐藤江梨子チャンが一緒にゲストとしてやって来ていた。

「本当！ 虹チャンってムカつくよね」

虹チャンの『遊んであげても』発言にお怒りの栄子チャン。


打倒・小池栄子！ って感じ？

「だってアンタ、遊びに行ったって私より目立つんだもん」

「あ～ら、いけないいかしら？」

胸をグッと前に突き出し、
虹チャンを挑発する栄子チャン。

「オッパイのコトじゃ
ねぇよ！
私より笑いを取るから
ムカつくんじゃん」

「お笑いのくせに
グラビアに負ける
虹チャンが悪いんじゃん」

「負けてねぇって！
アンタと私じゃ求められる
『笑い』のレベルが違うだけでしょ。
〝私の50％ぐらいのボケ〟で
アンタは〝200％ぐらいの笑い〟を取っていくんだから」

そう、このやり取りでもお分かりの通り、
『あのコには負けられない』と言いつつ、
実は2人は仲良しだったりするのだ（笑）。

「小池栄子って信じられないよ。
実物もテレビのまんまで
メチャメチャ明るいんだよね」

虹チャンにしてみれば、気取らず、
カラッとした性格の栄子チャンがお気に入りで、
栄子チャンにしてみれば、女性でも身体を張って
頑張っている虹チャンがお気に入りなのだ。

だからお互い――

お笑いに来るな！

女優に来るな！

とか言い合って、
ジャレ合ってるというのが正しいのかな（笑）。

虹チャンが小池栄子に与えた試練!?

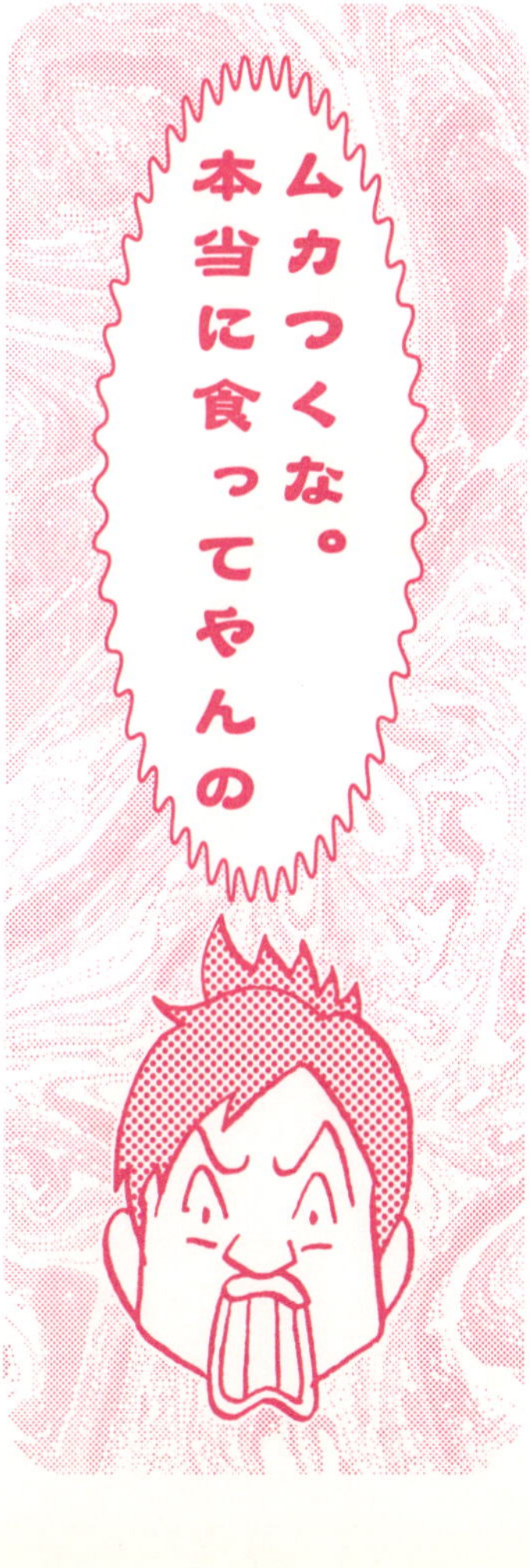

この日、ロケで行われた『スカッシュ』に勝つと“**高級寿司**”が食べられる——というルールで、見事に勝利した小池・サトエリのペア。

打倒・小池栄子! って感じ?

「虹チャンなんか、こんな『トロ』食べたコトないでしょ？」

な～んてからかわれていたんだけど、
やっぱり自分が食べられない（負けた）のが悔しい虹チャン。

ちょっとここでイタズラを仕掛けるコトにした。

「……そういえばさ、この前もそんなコト言ってたよね」

「何が？」

ニヤリと笑ながら、栄子チャンを見つめる。

「『サトエリとかMEGUMIは田舎モンだから
高い料理は食べ慣れてない』——とか」

「ヘコ!?」

このひと言に、栄子チャンの隣の江梨子チャンの箸がピタリと止まる。

「……私のコト？」

「ち、違うって！　そんなコト言ってないから!!」

栄子が田舎者って言ってたよ
やだっ！何言ってるの？
ふーん

——当然、大慌ての栄子チャン。——

打倒・小池栄子！　って感じ？

その様子にさらにニンマリとしながら――

「へぇ～

本人の前じゃイイ子ぶってんだ」

と、虹チャンが続けると、さらにパニックに。

「**な、な、な、な、なにを！**」

「……」

「**だから江梨子チャン！　私そんなコトはひと言も!!**」

「……」

「**えっ!?　ちょ、ちょっとどうしたの！**」

あ～あ、とうとう江梨子チャンは席を立ち、

無言でトイレに向かってしまった。

「虹川！　お前は何ウンかましてんのよ!!

え、江梨子チャン〜ン！」

あわてて江梨子チャンを追って、栄子チャンもトイレへ。

「ね、ねぇ平気なの？」

「何が？」

伊藤チャンが心配そうに虹チャンに尋ねる。

「だって虹チャンのひと言で2人がケンカしたら……」

平気平気、もともと仲悪いから、あの2人
え〜〜っ！

おいおい虹チャン、
それは衝撃的すぎる発言ですぞ。

キキ
VS
さっ
犬猿の仲

「それよりこのお寿司、食べちゃわないと」
「へっ!?」
栄子チャンと江梨子チャンのお皿の上には、
握ってもらったお寿司がまだ残っている。

「お寿司って握ってもらってすぐ食べなきゃ
味が落ちるんだよね。
いっただきま〜す♥」
ニコニコ顔でお寿司を食べる虻チャン。

「ほら、伊藤チャンも早く」
「い、いいの?」
「い〜のい〜の。
小池栄子チャンにはこれくらいの試練を与えないとね」

いーの
いーの
大丈夫
パクパクパク
いいのかなあ
でも美味しい〜
チクショー！
虹川のやつぅ…

──単純に自分もお寿司を食べたかった虹チャン。
ま、仲良しの相手だから出来るイタズラ……
ってコトにしておきましょうか、ココは（笑）。──

ほくよう

えっ!? 伊藤チャンがついに『格闘技デビュー』?

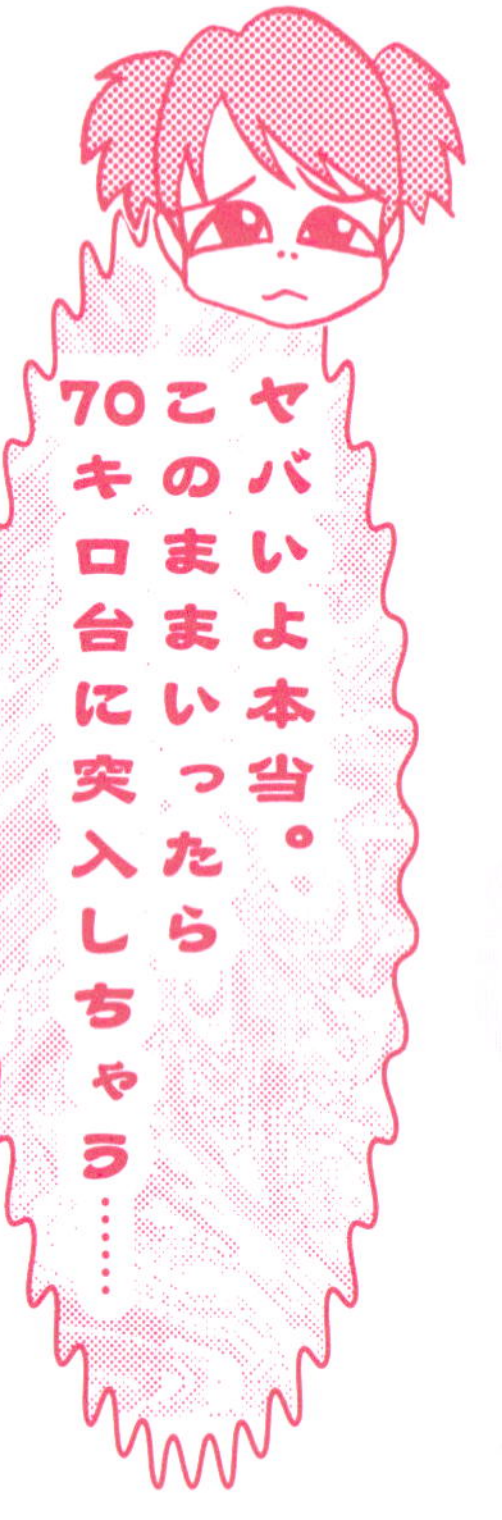
ヤバいよ本当。
このままいったら
70キロ台に突入しちゃう……

はぁ〜っと大きなため息をつきながら、伊藤チャンがユーウツな顔をしている。『70キロ台』とはもちろん（?）、体重のコトだよね。

「今でも鈴木クンや梶原クン、
板倉クンより重いのに、
これ以上太ったらどうしよう」
う〜ん、このメンツの次にさらに来そうなのは
西野クンや山本クンあたりだろうけど、
さすがに『秋山・堤下・塚地』の
『ビッグ3』までは届かないよね。（↑コラコラ）

「このままじゃダメだ！
やっぱりあそこに行くしかない」
キッと前をニランで強い意志を見せる伊藤チャン。
一体『あそこ』ってどこのコトだろう？

えっ!? 伊藤チャンがついに『格闘技デビュー』？

このままだと『ビッグ3』になっちゃう
そのままでいいのだ〜
モエモエだな♥

ぶよん
ぶよん
—ビッグ3—

伊藤チャン『ヒミツ』のダイエット

「おはようございま〜〜す」

それから週に2〜3回、伊藤チャンには怪しい行動が目立ち始めた。

「どうしたの? めちゃくちゃ疲れてない!?」

「う、うん、ちょっとね」

虹チャンの目にも、

明らかにグッタリと疲れ切っている伊藤チャン。

「大丈夫。
仕事には絶対に影響させないから……」

実は伊藤チャン、ダイエットのためにジム通いを始めたんだけど、
今までに何回もダイエットに失敗しているため、
「今度は自分の口から〝ダイエット中〟なんて言わずに、
まず結果を出してみんなを驚かせたい」
という気持ちが強く、虹チャンにすらナイショにしていたのだ。

伊藤さおり、
本気でやったらどれだけスゴイかを
見せてやる!

――メラメラと闘争心が燃えたぎっていたのだ。

――ある日の『はねトび』リハーサル――

「あっ、伊藤さん、おはようございます」

「おはよう。どうしたの？」

「い、いえ、別に」

『はねトび』のリハーサルでスタジオ入りした伊藤チャンに、
なぜかよそよそしい西野クンの態度。

「(……なんか変だなぁ？)」

と心の中で感じていたら、

「うわっ！　い、伊藤さんやん。
おはようございます」

梶原クンまでもが、まるで自分を
『怖がっている』かのような様子ではないか。

「？？？」

イヤ〜な気持でリハーサル室のドアを開けると、

『ガタガタガタッ！』

今までくつろいでいたメンバーが
いきなり飛び起きるかのようにあわてて——

えっ!? 伊藤チャンがついに『格闘技デビュー』？

おはようございます!
お、おはよ……
おはようございます
やだ? みんな? どうしたの?
ささっ、熱いお茶でございます

――一斉に背筋をピンと伸ばして挨拶をして来たのだ。

「伊藤さん、今日のご気分は？」
「別に、いいけど」
「ささ、こっちにお茶を用意しております」
「ありがと」

おかしい、明らかにおかしい。
今まで自分のコトを『女』として見なかった。
いや、今も『女』として見ていると言うより、
明らかに『腫れ物』扱いだ。

えっ!? 伊藤チャンがついに『格闘技デビュー』？

伊藤チャンが『魔裟斗』を失神させた!?

「ねぇ、みんな今日変だよ」

「そ、そんな、特になぁ」

「うん、変じゃありませんけど」

「いや、絶対に変だ！ 何があったの？ 教えてよ!!」

一歩も引き下がらない伊藤チャンの勢いに、

秋山クンが仕方なさそうに話す。

「伊藤さん、最近みんなに隠れてどっか通ってるでしょ？」

「えっ!?」

まさかダイエットでジム通いをしているのがバレた？

いや、でも別に、それで『腫れ物』になる理由はないだろう。

「そ、それで、虹川さんから聞いたんですけど……
『魔裟斗を失神させた』って」

えっ!? ま、待ってよ！
何で私が？
魔裟斗が失神!?

すげーな

「虹川さんが『最近、伊藤チャンが怪しい』って思って
調べたらしいんですよ」

?

「調べた!?」
「そうしたら伊藤さんが魔裟斗と同じジムに通ってて
『スパーリングで魔裟斗を失神させた』
らしいじゃないですか！」

えっ!? 伊藤チャンがついに「格闘技デビュー」？

はあ〜〜〜ッ？

イエー――

ようやくすべてが飲み込めた伊藤チャン。
要するに虹チャンがみんなに
『魔裟斗を失神させた』って
吹き込んだみたいだけど――

「ま、まって！

私、ジムで会ったコトないんだけど、魔裟斗に」

「えっ!? だって虹川さんがそう言ってましたよ」

「っていうか、どんなジムに通ってると思ってんの!?」

「『キック』でしょ。もちろん」

「キック？」

「キックボクシング」

「な、なによそれ！」

「だから、伊藤さんがお笑いだけじゃなく
『体型を活かして格闘技の方にも進出する』って……」

「じょ、冗談じゃないわよ！」


伊藤チャンの怒り爆発だ!!

えっ!? 伊藤チャンがついに『格闘技デビュー』？

格闘技に進出？
何で私が!?
だいたいダイエットのために
ごく普通のトレーニングに
通ってんのに、
わざわざムキムキになって
どうすんのよ!!
ムキ！
ホア〜〜!!

— 格闘技デビュー？ —

「だ、ダイエット?」

見ちがえるようにヤセてから言うつもりだったけど、
この誤解は解かなきゃいけないもんね。

えっ!? 伊藤チャンがついに『格闘技デビュー』?

「おはよ〜っす」

と、そこへ、問題発言の主、虹チャンが登場。

ちょっと虹チャン！

ヘコ!?

ギロッとニラみつける伊藤チャンの迫力に——

「**これはマズイところに来たかも？**」

——と感じ取った虹チャンは、今閉めようとしたドアを再び開け、

「**お、おつかれさまでした〜〜ッ**」

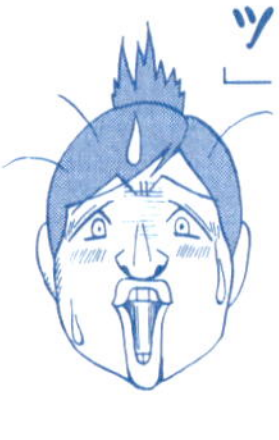

と外へ。

えっ!? 伊藤チャンがついに『格闘技デビュー』?

キィー
虹ちゃん何て事言うの！
ごごごごめ〜ん
伊藤さん・・・
めっちゃ怖いです・・・

――実はマネージャーに伊藤チャンのダイエットを聞かされ、
かなりの危機感を持った虹チャンは、
「そうだ！　ネタにしちゃおっと!!」
お笑いの性（サガ）でつい口走ったみたいです（笑）。
でも本当、虹チャンを追いかける伊藤チャンのその勢いなら、
『魔裟斗を失神させた』って聞いても信じちゃうかもねぇ。――
（おいおい！）

IMPULSE

インパルス

『ホンモノ《インパルス》の澪美』もストーカーだった!?

今となっては長期シリーズとなり、
板倉クンの代表作ともいえる
『澪美～エレベーターの女～』。
最近、澪美がアキヒロに大胆になっていき、
「そのうち、キスくらいするんじゃない!?」
と期待している……い、いや、心配しているファンも多いんじゃないかな。

「個人的にはアキヒロになら、
身体を許してもいいんだけど……」

「アホか！」

ますますノリまくる
板倉澪美。

「女装して女言葉を使うと、
その気になってくるから不思議だよね。
鏡とか見てる時に、
性格は男なのに目線とか仕草は女なんだもん（笑）」

なるほど、そういう日々の努力が（↑努力か？）
おもしろいコントを作り上げてくれるんだね！

『ホンモノの澪美』もストーカーだった!?

「これからは季節ごともそうだけど、
もう少しＯＬの流行にも敏感になりたいね。
細かいアクセサリーとかネイルアートにも……」

意欲満々の板倉クン。
しかしこの時はまだ、
あんな怖い思いをするとは
まったく思いもしていなかった――

澪美、現る!!

「なるほどねぇ〜、今年もアニマルプリントは、やっぱり流行んのか」

仕事帰り、自宅近くのファミレスのテーブルに一人で座る板倉クンは、何やら熱心にOL御用達の某有名雑誌を読みふけっていた。

「う〜ん、できれば昼休みの丸の内（オフィス街だね）**に行って、実物をチェックしたいんだけど……」**

今でも完璧に見える澪美だけど、板倉クンの中では『まだまだ』と思ってる向上心はさすがだね。

と、そこへ……

『ホンモノの澪美』もストーカーだった!?

「あの〜、すいません」

「はい？」

一人の女性が、申し訳なさそうに声をかけて来た。

「インパルスの板倉サンですか？」

「はぁ、そうです」

もう売れっ子の板倉クンだけに、

ファミレスでこっそりゴハンを食べていても目立ってしまう。

「（え～っと……握手とサインを）」

心の中で女性に対する対応を予測しつつ、

「（この人、ペンは持ってなさそうだなぁ）」

手ブラの女性のために、自分のカバンの中からペンを出さなきゃ……

と思っていたら、いきなり！

小声だが、鋭い声が板倉クンに突き刺さった！

「お願いです！　本当に困るんです」

「あ、あの〜、なんのコトでしょう？」

外に出れば、多かれ少なかれ、ファンや視聴者に声をかけられる。
中には心ない言葉や行動に出る人もいるので、
少し身構えながら対応しなければならない。

『ホンモノの澪美』もストーカーだった!?

とぼける気ですか？
ですから、何のコトでしょう？
ひどい！
いや、そうじゃなくて

板倉サンが
あのコントをやめてくれなきゃ、
私、訴えるつもりですから

あのコント？
どうやら今までになく、
ちょいと変わったファンのようだった。

『ホンモノの澪美』もストーカーだった!?

板倉サン、私、訴えますよ!!

堂々と板倉クンの前に座り、
ジーッと顔をニラみつける女性。

周りの人はどんな事情だかわからない。

「（つーか「別れ話」とか思われてねえ？）」

ヒヤヒヤしながら女性の出方をうかがっていた。

「アナタは僕に、何を言いたいんですか？」

重く黙りこくってしまった女性に、板倉クンが尋ねた。

「本当に私の言いたいコト、
わからないんですか？」

——キッと鋭い視線を投げかけて、ようやく女性が口を開いた。

「**わかるもわからないも、初対面ですよね？**」

「私はよく会ってます」

「3日前もココ（ファミレス）にいましたよね？」

「……**いた、かも**」

「その前は1週間前。それからその前は……」

「**ストップ！ すいませんが〝ストーカー〟の方でしょうか？**」

そう、そうとしか考えられない。（こ、怖っ！）

「ホンモノの澪美」もストーカーだった!?

冗談じゃありません！
板倉サンがいっつも
私を見てるんじゃないですか!!
くぅ～

ヤバイ！

もはや普通に話し合えるような相手ではない。

ピンと感じた板倉クンが――

「僕、まだ仕事があるのでこれで……」

――と切り出すと、

「とにかく！　私をモデルにしたあのコントだけは、もういい加減にやめてほしいんです!!」

「も、モデル？」

「なにか『エレベーターの中で話すヤツ』ですよ！」

どうやらこの女性、勝手に自分のコトを**『澪美』**のモデルだと信じ込み、それで板倉クンに抗議に来た――らしいのだ。（↑おいおい！）

『ホンモノの澪美』もストーカーだった!?

「それ、まったくありませんよ！
つーかモデルって言われても、
コントのネタはみんなで考えるんで」
あくまで冷静に諭すように話す。

「絶対許せません！
私、会社でみんなに噂されてるんですよ。
『アンタの彼氏って、
自分の彼女をネタにしてギャラ稼いでる』って。
ヒドいじゃありませんか！　私をそんな、そんな……」
やっぱりヤバイ！　かなりヤバイ！
背筋がゾォ〜ッとし、鳥肌を立てまくりの板倉クン。

女性が泣き出したのを見て、カバンを抱えてダッシュで外へ！
もちろん食い逃げになるとマズイので、
レジにはちゃんと1万円を置いて。（↑もったいない！）

『ホンモノの澪美』もストーカーだった!?

――オリンピックに出てもブッチギリで
100メートル競争に
優勝できそうなスピードで、
後ろも振り返らずに一目散！――

「な、な、なんなんだ、アイツ！」

息が切れて後ろを振り返ってみると、
女性が追いかけてくる気配はない。

「……（ぜえぜえ）ま、マジにビビるんですけど……」

念には念を入れ、あえて真っ直ぐ自宅には戻らずに遠回りする板倉クン。
いや本当、一歩間違えば、何をされたかわからないし、
今後は話しかけて来た人を簡単に迎え入れちゃいけないね。

「……ん？ ひょっとして1本、出来るかも！」

――ピタッと足を止め、何やら真剣に考え中。

『ホンモノの澪美』もストーカーだった!?

ネタ《おおお！》思いついた!!

新作コント
《澪美～ストーカー編～》

「ものすごい早足で追いかけてくるストーカー女で、
勝手に自分で事故ったり、川に落ちたり……
犬に追いかけられたり」

——やれやれ、身に降りかかったピンチすら
コントのネタにしようとするとは……
さすが職人の板倉クン！　と言っておかなきゃしょうがないか（苦笑）。——

インパルス

堤下クン、涙の『俺様飲み』

少年隊の東山紀之サンが初司会を勤めて話題沸騰中の**『@サプリッ！』**（日本テレビ系）。

日曜日の午前中から午後にかけて、東山サンの他にも黒谷友香サンやベッキーちゃんなど、異色の顔合わせで人気になっているバラエティだ。

そんな『@サプリッ！』には、我らがインパルスの姿も——。

「**俺ら的には、大抜擢に近いからね。**
今は爆笑さん（爆笑問題）**の番組とか、**
『はねトび』以外でめちゃめちゃ勉強中だよ」

特に堤下クンは、東山サンのお気に入り（?）で、
生放送が終わった後、

「おい敦、メシ食いに行こうぜ！」

「は、ハイ！」

「なんで俺には声がかかんないの？」

と落ち込む板倉クンをよそに、

「イヤ～、この前なんか真っ昼間から
ニューオータニ（ホテル）**で"寿司"だぜ、"寿司"！」**

「マジに!? さすがヒガシさん！」

『**はねトビ**』メンバーをめちゃくちゃ羨ましがらせている。

しかも

『日曜日の真っ昼間から寿司』でも分かる通り、

ゴハンでも飲みに行くのでも、堤下クンが知っているお店とはレベルが違う。

「でも、あそこだけは参ったよ。

まさにヒガシさんのイメージが崩れたというか

『こんなヒガシさんはヒガシさんじゃない！』

って泣きそうになったもん」

さんざんオゴってもらって、その言い分もどうかと思うけど、

そこには堤下クンが腰を抜かしそうになるほどの、

東山サンの秘密があったのだ！

堤下クン大ショック!? いつものヒガシさんじゃない……

イエ〜イ!

イエ〜イ!

大盛り上がりの東山サンが、シャンパングラスを高々と上げて乾杯をする。

「敦、お前もやれよ！」

「は、はい……い、いぇ～い」

東山サンにうながされて渋々（？）乾杯をする堤下クン。

しかし――

「え～、ノリ悪りィ」

「お笑いなのに、超暗いんですけどォ～」

その態度に非難が集中しちゃってる。

「（う、うっせぇ！

てめぇらに何でそんなコト
言われなきゃなんねぇんだ！）」

心の中ではそう思いながらも――

堤下クン、涙の「俺様飲み」

「あ、アハ、そ、そうですよね、イエ～イ！」

「イェ～!!」

なかばヤケクソで盛り上がらなくては。だってココは……

「そうそう！

せっかくキャバクラに来てんだぞ、

『楽しくなくちゃキャバじゃない！』

みたいな」

なんだもん（笑）。

「あ～それ、どっかで聞いたコトある」

「あれじゃない？ フジテレビとかのCM」

「当ったり～！ でも何年も前のヤツだけど」

あの天下の大スターが、20歳ぐらいのキャバクラ嬢と同じレベルで大喜び。

「(ひ、ヒガシさん、自分、
そんなヒガシさんは
見たくなかったっす。
たとえキャバクラに来ても、
"ビシッ"といつもの
ヒガシさんのままで……)」

ほとんど涙目になりながら、
東山サンの姿を見つめる
堤下クンだった。

堤下クン、涙の『俺様飲み』

実はそもそも……

「敦、たまには〝キャバクラ〟でも行くか？」

近くの超高級牛タン料理店（↑そんなのあるの!?）で食事をしていた時、
東山サンがふと言い出したのがきっかけだった。

「えっ!? ヒガシさんもキャバクラ好きなんすか？」

これはいいコトを聞いた。
もしココで自分が東山サンに喜んでもらえるキャバクラを
紹介したら——

「敦、ありがとう！ お前のおかげで楽しめたよ」

——と、ますます目をかけてもらえるだろう。

「（ま、まぁ、楽しんでくれてはいるけど……
ヒガシさん、単なる
『オヤジ』になってんじゃん！）」

オヤジ？

店の方も常連（？）の堤下クンが連れて来た大スターに気を遣い、常に東山サンの両側に女のコがつくように配置してくれている。

そのおかげで東山サンのご機嫌を取ることには大成功しているけど、堤下クンの中の東山サンの**『イメージ』**はボロボロ（笑）。

東山サンのツッコミに、堤下クン堕ちる……

「(はぁ〜そろそろ十分に盛り上がってくれたよなぁ。
早くこの店出たい……)」
ガックリと肩を落としてそう考えていた堤下クンに、
また女のコが余計なコトを――
「ねえねえ、なんでいっつもみたいに
『ガ〜ッハッハッ』って飲まないの?」
――なんて言い出したからたまらない。

「へっ!? お、お前、何ワケわかんねえこと言ってんだよ」

「敦、『いつも』ってどんなだよ?」

東山サンも女のコの言葉に反応する。

「全然、何でもありません」

しかし店が女のコをたくさんつけたコトが災いに……。

「え〜っ! いっつも『俺様飲み』してんじゃん」

「そうだよ! 今日は控えめ過ぎてつまんない」

「俺様飲み?」

「ちょ、ちょっとキミたち、
一体何を言ってんのかなぁ。

本当に全然わからないよ、ボクは……」

ますますピンチに陥る堤下クンだった。

堤下クン、涙の『俺様飲み』

「ふ〜ん、敦の『俺様飲み』かぁ、
どんなんだ？ ぜひ見せてくれよ」

ニヤリと笑いながら、
堤下クンを追い込む東山サン。

「い、いえ、ヒガシさん、
ですからね……」

そして巻き起こる『俺様コール』！

オ〜しさま！
オ〜しさま！
オ〜し様！

カンペンして
くださいよ！
「俺様飲み」が
見たいなぁ
おっ！
見たいなぁ
キャー
見たーい♡

もうこうなったら、
腹をくくるしかないよ（笑）。

「わかりました、わかりました！
じゃあ、一度だけやらせていただきます！」

「イエ〜イ！」

すべてを諦めたかのように（？）、堤下クンが大きく深呼吸する。
さらにグラスを右手に持つと、

「いきま〜す！」

自ら前フリをする。

「（ゴクリ）」

思わず息を飲む一瞬、『キッ！』と顔の表情を引き締めた堤下クンは、
思いっきり右足を蹴り上げるようにして足を組み、
ふんぞり返って両腕をソファーに広げると——

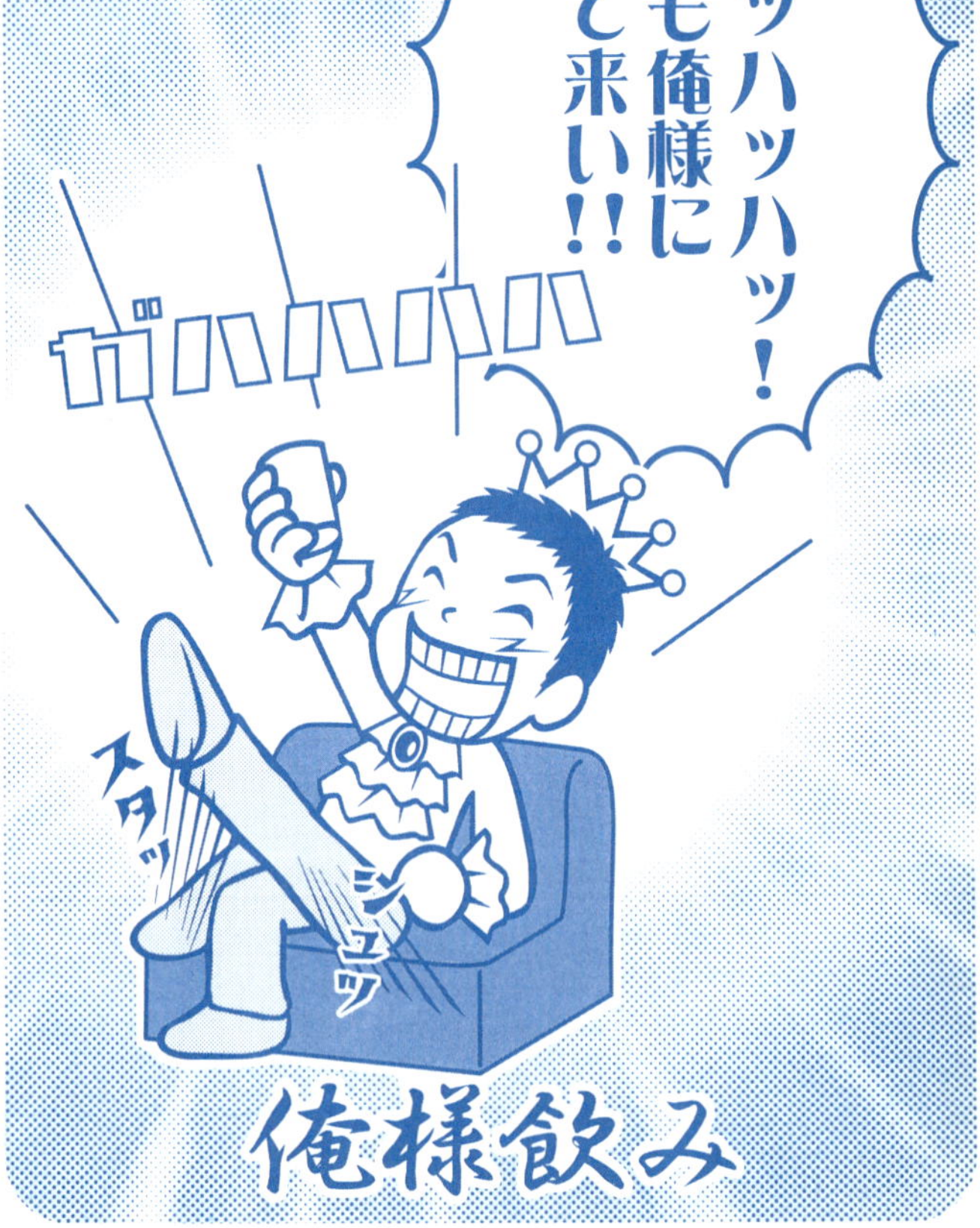
ワ〜ッハッハッ！
今夜も俺様に
ついて来いい!!
ガハハハハ
スタッ
シュッ
俺様飲み

――と、大きな声で吠えた。（↑やっちゃったよ！）

「〈やだよ！　こんな偉そ〜なカッコで酒飲むなんて、
ヒガシさんに失礼だもん〉」
やり終えると真っ赤な顔でバツが悪そうなのだが……
「はい？」
まったくのノーリアクションに
スーッと上がったばかりの血が下がる。

「いや冗談はいいから、
早く〝本物〟やってくれよ」

「えっ!?　ですから今のが……」

「違うよな？　俺の知ってる敦は〝もっとおもしろい〟もん」

まさか、こんなツッコミが入るなんて——

く、くそっ！今日はとことん堕ちてやる!!
オレの知ってる敦は
そんなにつまんなくねーよ！
キッパリ！
ぶー
ぶー
がばがばー
とことん堕ちてやる

——ある意味、その意気です（笑）。——

インパルス

スケ番・友香にインパルスが撃沈！

日本テレビ系『**@サプリッ！**』の本番終了後、

「**おつかれさまでした～**」

と帰ろうとした堤下クンと板倉クンの前に——

「**ちょっと！**」

「**えっ？**」

このまま帰らさへんで

ドスの利いた声で脅す大っきな女の人——っても、和田アキ子さんは他局ですもんね（笑）——が立ちふさがった。

「**く、黒谷さん!?**」

そう、ジロッと2人をニラみつけるのは、番組でも共演中の黒谷友香さんだ。

「どうしたんですか?」

「**どうした、だあ〜?**」

「**げげっ!**」

美人ゆえ、怒りに燃えるその表情はさらに凄みが増す。

こっち、顔貸してんか！

有無を言わさぬ迫力で、2人を自分の楽屋へと引きずって行った。

ちょっ、ちょっと友香さん？
ずさささささ
ごええ
こっち来んかい！
グイ

スケ番・友香にインパルスが撃沈！

インパルス、元レディースに拉致られる?

ようもやってくれたな!!
あ、あの〜、話がまったく見えないんですけど
とぼけんなや!

『パシッ!』というより『ドゴッ!』とテーブルを叩き、黒谷さんが言う。

「自分ら、
ベッキーに大変なコトしてくれたな」
「べ、ベッキー!?」
「いや、別にベッキーとは
仲良くやってますけど」
「何言うてんの！ さっきベッキー、
ここで泣いとったんやで」
「へっ？」

ビクゥ
ひゃあ
あわわ

ベッキーちゃん泣かしたん誰や?
ううう
喧嘩上等
ドン

実はこの数分前、黒谷さんの楽屋を訪ねてきたベッキーちゃんが、
「インパルスは本当にヒドいんです。
私、あの人たちのせいでＣＭ降ろされるかもしれません」
――と、今にも泣きそうに訴えたというのだ。

い、いや、まったくそんな！
ありえませんよ、そんなの

黒谷さんは2人よりも年上ではあるけど、
それにしてもいくらスゴイ迫力とはいっても明らかに腰が引けている2人。
実は堤下クンが東山サンと飲んだ時——

「黒谷はスゲェらしいぞ。
大阪にいる時は『レディースの頭』で、
彼氏は大阪の族（暴走族）の
トップだったらしいからな」
「ま、マジっすか!?」
「だから敦、黒谷を怒らせる時は俺がいる時だけにしろよ。
もし俺の目の届かないところで怒らせたら止められねぇ」

と、黒谷さんの本性（噂だけど）を聞かされていたからだった。

ー黒谷さんの元カレ？ー

スケ番・友香にインパルスが撃沈！

「（お、おい、ヒガシさん呼んで来いよ）」
「（ダメだよ、何か用事があるって真っ先に帰っちゃったし）」
「（携帯は？）」
「（こんなトコでかけられっかよ）」

何をゴチャゴチャ言うとんねん！
はい、はい！すいません

——これは2人にとって、かなり最悪のピンチかもしれませんぞ!!

ベッキーを泣かせたのは堤下か？ 板倉か？

「でも本当、
そんなコトを言った覚えは
まったくないんです」
「じゃあ何でベッキーが泣いてるねん」
みずから正座で黒谷さんの正面に座り、釈明を続ける2人。
「だって僕、ベッキーとメル友ですから」
**「それが原因になったんとちゃうんかい？
ベッキーの言うてたCMって
携帯**（ボーダフォン）**のコトやったからな」**

スケ番・友香にインパルスが撃沈！

「そ、そんなぁ〜！　何なら見せてもいいですよ。
すっごい絵文字とかいっぱい使って、
本当に仲良しなんです」

必死に訴えかける堤下クン。すると——

**「よっしゃ、
ベッキー呼んだるわ。
そんでお前らが
原因やて分かったら、
ホンマに許さへんで」**

こう一喝し、ベッキーちゃんに
電話をかける黒谷さん。
『**死刑宣告**』の時間は、
もうそこまで迫っている——。

ベッキー呼んだるわ！
ああん？ヤキ入れたろかい？
嗚呼…殺される…

果たしてインパルスの運命は……？

「あっれ～？ インパルスさん、何やってんですか!?」

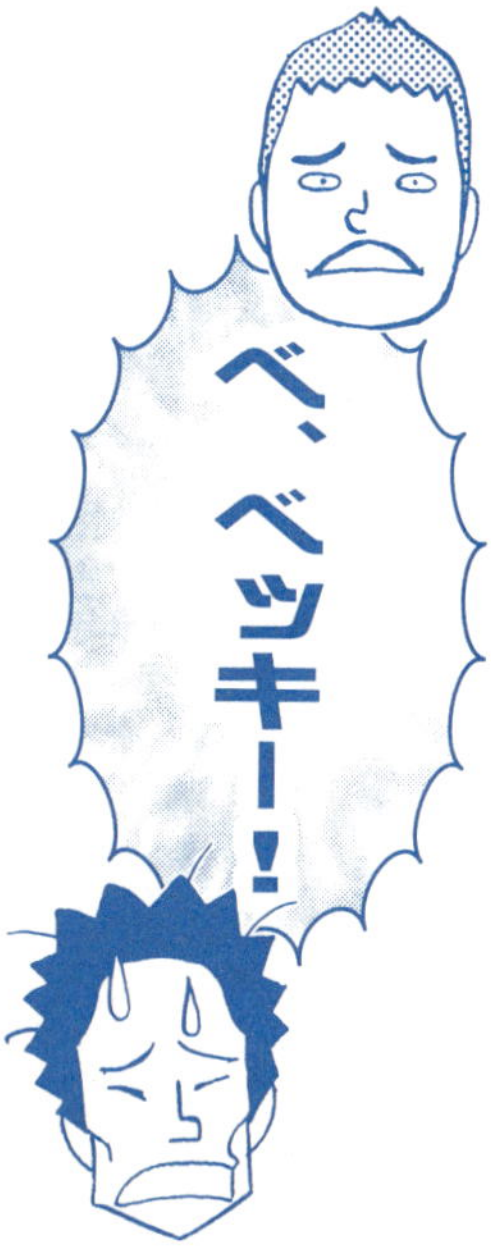

ほんの1分後、ベッキーちゃんが黒谷さんの楽屋に顔を出した。

「**何ってベッキー、**
あんたのコトを泣かしたのはこの2人やろ？」

2人は『ゴクリ』とノドを鳴らし、ベッキーちゃんを見つめる。

スケ番・友香にインパルスが撃沈！

「ち、違いますよ、友香さん。
インパルスさんじゃなくて『イン……（ピーッ）』ですよ」

ほ、ほら！
だから僕らは仲良しだって言ったじゃないですか!!

――一瞬にして、立場は大逆転。
ようするに黒谷さんの早とちりで
2人は散々な目に遭わされていたってワケだ。

ち、違うの？

はい、まったく別人

「…………」

「…………」

バツの悪い沈黙の時間がスーッと流れていく。

すると――

スケ番・友香にインパルスが撃沈！

イヤだ〜、友香ったら間違えちゃったみたい♥
ゴメンね、2人とも。もう、友香のバカバカ!

——あまりにも古典的なオチでごまかす黒谷さん。

「可愛くねえって!」
「もう30前じゃん!!」
「さ、さんじゅうまえ?」

板倉クンのひと言に、左目じりがピクピクっと痙攣する黒谷さん。

「あ、いや、その……見えない! 30前には全然見えない!!」

友香
まちがえちゃった
ごめ~んネ♥
コツン
テヘヘ
人さわがせな・・・
もうすぐ30のクセに・・・
ほう
ふう

30・・・
ビクッ
ごめんなさい

――この後、どんな惨劇が２人を襲ったのか……
それについては自主規制させていただき、
皆サンのご想像におまかせするとしましょう。
これ以上、怖くて書けません……ギャ〜〜〜〜ッ！――

いかがでしたか?
今回も『はねトび』のメンバーは、バンバカ(?)はねてましたよねぇ。
皆サンもきっと、お楽しみいただけたコトと信じております。

さて! また近いうちにお目にかかる予感というか確信があるもので、
ここでチラッと宣伝させていただきたいと思います。

そこには……

うらぐち

キングコング　ロバート

『西野クンと某大物グラビアアイドルの関係？』
『塚地クンが深夜番組にこだわる本当の目的』
『秋山クンが激怒させた某お笑い芸人とは誰？』
『板倉クンと超大物永遠の男性アイドルとの、堤下クンにナイショの一夜』
『虹チャンが真の打倒をもくろむ、元祖癒し系女優の存在』

……などなどが、『はねとび』ウォッチャーズの手によって、
白日の下にさらされるのです!!（↑ちょっと大げさ）
そんなワケで次回も、ぜひともお手にとってページを開いてください。
最後まで本当にありがとうございました。
すべての皆サンに感謝を込めて、この本を贈らさせていただきました。
3回（冊）目の出会いがあるコトを信じて――

『はねとび』ウォッチャーズ

また会いましょ！

はねるの裏グチ

2004年11月25日　初版第1刷発行

編者……………「はねとび」ウォッチャーズ

イラスト………前田美和
705
月　乃

発行者　　　　籠宮良治

発行所…………太陽出版
東京都文京区本郷4－1－14　〒113-0033
電話03-3814-0471／FAX 03-3814-2366
http://www.taiyoshuppan.net/

印刷……………壮光舎印刷株式会社
株式会社ユニ・ポスト

製本……………有限会社井上製本所